BAAI智源
人/工/智/能/丛/书

深度匹配学习
面向搜索与推荐

徐君 何向南 李航 —————— 著 朱小虎 —————— 译

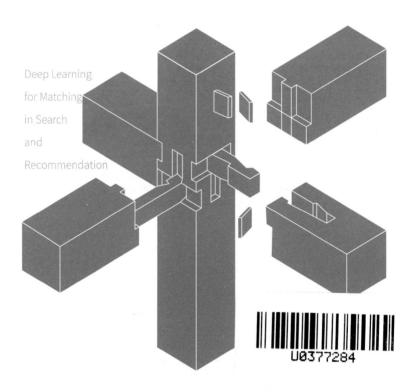

Deep Learning

for Matching

in Search

and

Recommendation

U0377284

人民邮电出版社

北 京

图书在版编目（CIP）数据

深度匹配学习：面向搜索与推荐 / 徐君，何向南，李航著；朱小虎译. -- 北京 ：人民邮电出版社，2023.1
（智源人工智能丛书）
ISBN 978-7-115-60514-6

Ⅰ．①深… Ⅱ．①徐… ②何… ③李… ④朱… Ⅲ．①机器学习 Ⅳ．①TP181

中国版本图书馆CIP数据核字(2022)第222661号

内 容 提 要

本书从语义匹配的角度解决搜索引擎和推荐系统的关键痛点，为构建解决语义匹配问题的深度学习模型提供了通用框架。第 1 章概述搜索和推荐中的语义匹配问题，以及近年来的研究进展。第 2 章介绍传统匹配模型，包括潜在空间模型。第 3 章介绍深度学习技术在构建匹配模型时的应用。第 4 章和第 5 章分别介绍用于搜索和推荐的深度匹配模型，并将当前的深度学习解决方案分为两类：表示学习方法和匹配函数学习方法。第 6 章对全书内容做了总结，并为读者指明进一步学习的方向。

本书适合对深度学习感兴趣的各类读者，包括相关专业的本科生、研究生、博士生，以及从事信息检索、搜索引擎、推荐系统、计算广告相关工作的软件工程师。

◆ 著　　　　徐　君　何向南　李　航
　　译　　　　朱小虎
　　责任编辑　温　雪
　　责任印制　彭志环

◆ 人民邮电出版社出版发行　　北京市丰台区成寿寺路11号
　　邮编　100164　　电子邮件　315@ptpress.com.cn
　　网址　https://www.ptpress.com.cn
　　临西县阅读时光印刷有限公司印刷

◆ 开本：880×1230　1/32
　　印张：6.375　　　　　　　　2023年1月第1版
　　字数：177千字　　　　　　2023年1月河北第1次印刷
　　著作权合同登记号　图字：01-2020-7635号

定价：69.80元
读者服务热线：(010)84084456-6009　印装质量热线：(010)81055316
反盗版热线：(010)81055315
广告经营许可证：京东市监广登字 20170147 号

版权声明

中文版序

  2017 年 8 月，笔者三人参加了于日本东京举办的 ACM SIGIR 会议，在此期间我们进行了较多的讨论交流，收获颇丰，并发现了搜索和推荐模型研究中一些有意思的现象。其中印象较深的是，虽然搜索和推荐在产品形态上存在较大的差异，但是其面临的核心挑战都可以归结为如何跨越信息需求和供给间的"语义鸿沟"，并且其中的很大一部分解决方案也可以归结为"语义匹配"。彼时深度学习正深刻影响着搜索和推荐领域的发展，为解决语义匹配问题提供了更有效且统一的解决方案。受此启发，我们萌生了写一本综述性专著的想法，希望从深度语义匹配角度来归纳和总结当时搜索与推荐模型方面的前沿工作。

  为了进一步完善综述的内容，在确定了基本框架后，我们在接下来的 WWW 2018、SIGIR 2018 和 WSDM 2019 会议上进行了三次专题报告，每一次报告后，我们都根据作报告的感受和听者的反馈对资料进行修改和整理，尽量弥补不足之处。三次报告下来，我们感觉叙述的思路更加清晰，对相关文献的总结也更加全面了。我们的三次报告获得了比较正面的反馈，也有国内的技术人员将报告发在网络平台上，并引起了比较多的讨论，这些都坚定了我们写作的信心。在经历了一年多的初稿写作和一次较大的修改后，本书终于在 2020 年 5 月定稿。在此过程中，本书英文版主编清华大学刘奕群教授和三位匿名评审专家给予了非常多的指导和建议。借此机会，向他们表示衷心的感谢！同时也感谢人民邮电出版社图灵公司出版本书中文版，让更多的中国科研技术人员能够有机会看到它。

本书英文版出版至今已有两年多的时间，在此期间，搜索和推荐中语义匹配的相关研究蓬勃发展，新任务和新方法不断涌现。在文本匹配方面，匹配任务已经从最初的短文本匹配拓展到了长－短文本匹配以及长文本间的匹配；在推荐方面，匹配任务从传统单域的用户－项目匹配拓展到了跨域的、更丰富的上下文场景下的匹配。在追求匹配精度的同时，研究人员也对匹配的可解释性、公平性和稳健性等提出了更高的要求。近年来，业界的一个趋势是将搜索与推荐进行联合建模，使之能相互借鉴对方的数据和用户反馈信息，以获得匹配效果的进一步提升。在技术方面，最优运输模型、分布稳健优化、因果推理、提示学习、对比学习等方法也用于匹配任务。相信在这些新任务和方法的推动下，语义匹配技术能够获得更快的发展，并更加广泛地应用于搜索、推荐以及相关的互联网产品中。

前　　言

匹配是搜索和推荐中的一个关键问题，它衡量文档与查询的相关性或用户对项目的兴趣。机器学习已经被用来解决这个问题，它根据输入表示和标记数据学习匹配函数，也称为"匹配学习"。近年来，人们已经努力开发用于搜索和推荐匹配任务的深度学习技术。基于大量数据的可用性、丰富的计算资源和先进的深度学习技术，用于匹配的深度学习现在成为前沿的搜索和推荐技术。深度学习方法成功的关键在于其强大的学习表示，及其从数据（例如，查询、文档、用户、项目和上下文，尤其是原始形式）中泛化匹配模式的能力。

本书对近期开发的搜索和推荐深度匹配模型进行了系统、全面的介绍。书中首先给出了搜索和推荐匹配的统一视图。这样，两个领域的解决方案就可以在一个框架下进行比较。然后将当前的深度学习解决方案分为两类：表示学习方法和匹配函数学习方法。接下来描述了搜索中的查询文档匹配和推荐中的用户项目匹配的基本问题，以及前沿的解决方案。本书旨在帮助搜索社区和推荐社区的研究人员深入了解和洞察空间，激发更多的想法和讨论，并促进新技术的发展。

匹配不限于搜索和推荐，类似的问题可见于释义、问答、影像批注和许多其他方面。一般来说，本书中介绍的技术可以泛化为更一般的任务，即在两个空间的对象之间进行匹配。

致　　谢

我们感谢本书编辑和三位匿名审稿人为改进手稿提出的宝贵意见。感谢王翔博士和原发杰博士为本书提供相关材料。本书得到中国国家自然科学基金委员会（61872338、61972372、U19A207、61832017）、北京智源人工智能研究院（BAAI2019ZD0305）和北京高等学校卓越青年科学家计划（BJJWZYJH012019100020098）的资助。

目　　录

第 1 章

引　论

1.1　搜索和推荐

随着互联网技术的快速发展，当今信息科学的基本问题之一变得越来越关键，即如何从通常庞大的信息库中识别满足用户需求的信息。解决这一问题的目标是在正确的时间、地点和环境下仅向用户显示其感兴趣和相关的信息。如今，信息访问范式的两种类型——搜索和推荐——已被广泛应用于各种场景。

在搜索中，首先对文档（例如 Web 文档、Twitter 推文或电子商务产品）进行预处理并在搜索引擎中建立索引。接着，搜索引擎获取用户的一个查询（如一些关键字）。该查询描述了用户的信息需求。然后，从索引中检索相关文档，将其与查询匹配，再根据它们与查询的相关性对其进行排序。如果用户对有关量子计算的新闻感兴趣，则可以将查询、"量子计算"提交给搜索引擎，并获取有关该主题的新闻文章。

与搜索不同，推荐系统通常不接受查询。相反，它分析用户的个人资料（例如，人口统计信息和上下文信息）和有关项目的历史交互，然后向用户推荐项目。用户特征和项目特征被预先索引并存储在系统中。根据用户对它们感兴趣的可能性对项目进行排序。例如，在新闻网站上，当用户浏览并单击新文章时，可能会显示几条具有相似主题的新闻文章或其他用户与当前文章一起点击的新闻文章。

表 1-1 总结了搜索和推荐之间的区别。搜索的基本机制是"拉动"，因为用户首先发出特定请求（提交查询），然后接收信息。推荐的基本机制是"推送"，因为系统向用户提供了他们未明确要求的信息（例如，提交查询）。这里的"受益者"是指在任务中要满足其利益的人。在搜索引擎中，通常仅根据用户需求创建结果，因此受益者是用户。在推荐引擎中，结果通常需要使用用户和信息提供者都满意，因此双方都是受益者。但是，这种区别最近变得模糊了。例如，一些搜索引擎将搜索结果与付费广告混合在一起，这对用户和信息提供者都有利。至于"偶然性"，则意味着常规搜索更关注明显相关的信息。常规推荐可以提供出乎意料但有用的信息。

表 1-1　搜索和推荐的信息提供机制

	搜　索	推　荐
接受查询	是	否
基本机制	拉动	推送
受益者	用户	用户和信息提供者
偶然性	否	是

1.2　从匹配的角度统一搜索和推荐

Hector Garcia-Molina 等人 [1] 指出，搜索和推荐中的基本问题是识别满足用户信息需求的信息对象。相关工作还表明搜索（信息检索）和推荐（信息过滤）是同一枚硬币的两面，具有很强的联系和相似性[2]。图 1-1 从匹配的角度统一了搜索和推荐。二者的共同目标是向用户提供他们需要的信息。

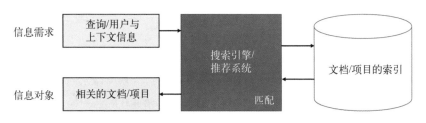

图 1-1　从匹配的角度统一搜索和推荐

搜索是一项检索任务，旨在检索与查询相关的文档。推荐是一项过滤任务，旨在过滤出用户感兴趣的项目[3]。本质上，搜索可以被看作在查询和文档之间进行匹配，而推荐可以被看作在用户和项目之间进行匹配。从形式化的角度来看，搜索和推荐中的匹配都可以看作构建一个匹配模型 $f : \mathcal{X} \times \mathcal{Y} \mapsto \mathcal{R}$，该模型计算两个输入对象 x 和 y 之间的匹配度，其中 $\mathcal{X}$ 和 $\mathcal{Y}$ 表示两个对象空间。在搜索中，$\mathcal{X}$ 和 $\mathcal{Y}$ 是查询和文档的空间；在推荐中，它们是用户和项目的空间。

在图 1-1 的统一匹配视图下，我们使用术语"信息对象"来表示要检索 / 推荐的文档 / 项目，并使用信息来表示相应任务中的查询 / 用户。通过在匹配和比较现有技术的相同观点下统一两个任务，我们可以为问题提供更深入的见解和更强大的解决方案。而且，统一这两个任务也具有实际意义和理论意义。

在某些实际应用中，搜索和推荐已经被结合使用。例如，在某些电子商务网站中，当用户提交查询时，系统不仅基于相关性（查询与产品匹配），而且还基于用户兴趣（用户与产品匹配）显示产品的排序列表。在某些生活类应用中，当用户搜索餐厅时，系统将根据相关性（查询与餐厅匹配）和用户兴趣（用户与餐厅匹配）返回结果。明显的趋势是，在某些情况下，搜索和推荐将集成到单个系统中，以更好地满足用户的需求，而匹配在其中起着至关重要的作用。

由于搜索和推荐在匹配方面的相似性，因此它们已经拥有许多共享技术。在匹配的基础上，可以通过使用推荐技术 [4] 解决搜索问题，反之亦然 [5]。随着深度学习技术的使用，用于搜索和推荐的匹配模型在架构和方法上更加相似，具体体现在这些技术上：将输入（查询、用户、文档和项目）嵌入为分布式表示，结合神经网络组件来表示匹配函数，并以端到端的方式训练模型参数。而且，如果搜索和推荐共享相同的信息对象集（如上述电子商务网站和生活方式应用的示例），则可以进行联合建模和优化 [6,7,8]。因此，为了开发更先进的技术，有必要采用统一的匹配视图来分析和比较现有的搜索技术和推荐技术，这样做也会带来好处。

搜索和推荐中的匹配任务在实践中面临着不同的挑战。但是，底层的问题从本质上看是相同的，即不匹配问题。接下来，我们分别介绍这两个任务的主要挑战。

1.3　搜索中的不匹配问题

在搜索中，查询和文档（通常是其标题）被当作文本。文档与查询的相关性主要由两者之间的匹配度来表示。如果匹配度高，则认为该文档与查询相关。计算机对自然语言的理解仍然面临挑战，因此，匹配度的计算仍仅限于文本级别，而不是语义级别。文本级别的高匹配度并不一定意味着语义级别的高相关性，反之亦然。此外，查询是由用户发出的，而文档是由编辑者编辑的。由于自然语言的歧义性，用户和编辑者可能会使用不同的语言样式和表达方式来呈现相同的概念或主题。因此，搜索系统可能会遭遇所谓的查询文档不匹配问题。具体地说，当搜索引擎的用户和文档的编辑者使用不同的文本来描述相同的概念时（例如，"ny times"与"new york times"），可能会出现查询文档不匹配的情况。这仍然是搜索的主要挑战之一。转向跨模态信息检索（例如，使用文本查询来检索图像文档），查询文档不匹配问题变得更加严重，因为不同的模态具有不同类型的表示形式。在跨模态检索中，一个主要的挑战是如何构建一个匹配函数，以弥合这些模态之间的"异质性差距"。

为了解决查询文档的不匹配问题，人们已经提出了在语义级别执行匹配的方法，称为语义匹配。该解决方案中的关键思想是执行更多的查询和文档理解以更好地表示查询和文档的含义，或者构建更强大的匹配功能以弥合查询和文档之间的语义鸿沟。传统的机器学习方法[9]和深度学习方法[10,11,12]均已被用于语义匹配。

1.4 推荐系统中的不匹配问题

不匹配问题在推荐系统中更加严重。在搜索中，查询和文档由相同语言的项组成，[①]因此，至少可以根据这些项进行直接匹配。但在推荐系统中，用户和项目通常由不同类型的特征表示。例如，用户的特征可以是用户 ID、年龄、收入水平和最近的行为，而项目的特征可以是项目 ID、类别、价格和品牌名称。由于用户和项目的特征来自不同语义的空

---

① 这里不考虑跨语言信息检索。

间，因此基于表面特征匹配的幼稚方法不适用于推荐。更具挑战性的是，项目常常可以通过多模态特征（例如服装产品的图像和电影的封面图像）来描述，这些信息会在影响用户的决策过程中发挥关键作用。在这种视觉感知的场景中，需要考虑用户与多模态内容之间的跨模态匹配。

为了解决推荐中的不匹配问题，人们提出了协同过滤（collaborative filtering, CF）原则[13]。协同过滤几乎是所有个性化推荐系统的基础，它假定用户可能喜欢（或消费）与之相似的用户喜欢（或消费）的项目，并从历史互动[14]中判断相似性。但是，由于用户仅消费整个项目空间中的几个项目，因此直接评估用户（项目）之间的相似性会遇到稀疏性问题。解决稀疏性问题，通常的假设是用户－项目交互矩阵是低秩的，因此可以从低维用户（和项目）潜在特征矩阵进行估算。然后，用户（项目）相似性可以更可靠地反映在潜在特征矩阵中。这样的矩阵分解能非常有效地解决协同过滤问题[15,16]，因此矩阵分解也成了一种强大的协同过滤方法，以及许多推荐模型的必要设计基础。除矩阵分解外，人们还开发了许多其他类型的协同过滤方法，例如基于神经网络的方法[17,18]和基于图的方法[19,20]。

为了利用交互矩阵之外的各种辅助信息，例如用户画像、项目属性和当前上下文，人们已经提出了许多遵循标准监督学习范式的通用推荐器模型。例如，通过预测项目的点击率（click-through rate, CTR），可以在推荐引擎的（重新）排序阶段中使用这些模型。代表性的模型是因子分解机（factorization machine, FM）[21]，该模型将矩阵因子分解的低秩假设扩展为模型特征交互。由于 FM 的线性和二阶交互建模限制了其表达能力，因此许多后续工作将其与神经网络进行非线性和高阶交互建模相补充[22,23,24]。这些神经网络模型现已在工业应用中大量使用。还有研究回顾了用于推荐系统的深度学习方法[25,26]。

请注意，尽管查询–文档匹配和用户–项目匹配对于搜索引擎和推荐系统至关重要，但这些系统还包括其他重要组件。除了匹配之外，网络搜索引擎还包括爬虫、索引、文档理解、查询理解和排序等部分。推荐系统还包括用户建模（用户画像）、索引、缓存、多样性控制和在线探索等部分。

1.5　最新进展

尽管传统的机器学习在搜索和推荐匹配方面取得了成功，但随着许多深度匹配模型的出现，深度学习的最新进展为该领域带来了意义更为深远的进步。深度学习模型的能力在于能够从原始数据（例如文本）中学习匹配问题的分布式表示形式，从而避免了手动特征的许多限制，并最终通过端到端的方式了解表示方法和匹配网络。此外，深度神经网络具有足够的能力来建模复杂的匹配任务。它们具有灵活性，可以自然地扩展到跨模态匹配，在此可以学习通用语义空间来普遍表示不同模态的数据。所有这些特征对于处理搜索和推荐中的复杂性问题非常有用。

在搜索中，深度神经网络 [包括前馈神经网络（feedforward neural network, FFN）、卷积神经网络（convolutional neural network, CNN）和循环神经网络（recurrent neural network, RNN）] 可以更有效地解决查询和文档之间的不匹配问题，因为它们具有更强大的功能表示学习和匹配功能学习能力。最值得注意的是，采用 Transformer 的双向编码器表示（bidirectional encoder representations from Transformers, BERT）大大提高了搜索匹配的准确性，并成为当今的先进技术。

在推荐系统中，最近的关注点已从以行为为中心的协同过滤转向信息丰富的用户－项目匹配，例如在顺序、上下文感知和知识图谱增强的推荐中，这些都是由实际场景驱动的。在技术方面，图神经网络（graph neural network, GNN）[①] 成了一种用于表示学习的新兴工具[19,27]。这是因为推荐数据可以被自然地组织在一张异构图中，并且 GNN 具有利用这种数据的能力。为了处理用户行为序列数据，自注意力机制和 BERT 也得到了应用，这些技术在顺序推荐中显示出的结果令人振奋[28]。

1.6　关于本书

本书着重于搜索和推荐匹配的基本问题，并且描述了使用深度学习的前沿匹配解决方案，提供了基于匹配的搜索和推荐的统一视图。文中所解释的想法和解决方案可以激励从业人员将科研结果转化为产品技术。这些方法和讨论可以帮助学术研究人员开发新方法。这种统一的观点能使搜索社区和推荐社区中的研究人员聚集在一起，并激励他们探索新的方向。

本书的组织结构如下：第 2 章描述了用来匹配搜索和推荐的传统机器学习方法；第 3 章给出了深度匹配方法的一般表述；第 4 章和第 5 章分别描述了用于搜索和推荐的深度学习方法的细节，每一章中都包括了基于表示学习的方法和基于匹配函数学习的方法；第 6 章总结了本书要点，并讨论了尚未解决的问题。第 2~5 章是彼此独立的，读者可以根据自己的兴趣和需要选择阅读。

请注意，用于搜索和推荐的深度学习是一个非常热门的研究主题。

---

① 可参阅《图神经网络导论》：ituring.cn/book/2872。——编者注

因此，本书并未尝试涵盖信息检索和推荐系统领域中的所有相关工作，而是从匹配的角度讨论了这两个领域中最具代表性的方法，旨在总结它们的关键思想，这些思想是通用的，也是必不可少的。特别值得注意的是，本书涵盖了 2019 年之前的代表性工作。

以往的信息检索基础和前沿综述涉及的若干文章已对相关主题进行了详细介绍。其中一篇文章 [9] 介绍了用于解决语义匹配问题的传统机器学习方法，尤其是在 Web 搜索中。就这一主题而言，本书不同于以上综述，原因在于：(1) 侧重于新近开发出来的深度学习方法；(2) 同时考虑了搜索和推荐。Bhaskar Mitra 和 Nick Craswell[11] 对用于信息检索的深度神经网络进行了全面综述，称为神经信息检索（Neural IR）。Hannah Bast 等人 [29] 对语义搜索的技术和系统进行了综述，也就是使用关键词查询、结构化查询和自然语言查询来搜索文档、知识库及其组合。

一些综述和教程已经针对深度学习在信息检索和推荐中的应用做了介绍。例如，Kezban Dilek Onal 等人 [12] 解释了用于 ad hoc 检索、查询理解、问答、赞助搜索和相似项目检索的神经网络模型。Shuai Zhang[①] 等人 [26] 根据深度学习技术的分类法回顾了基于深度学习的推荐方法，例如基于 MLP、CNN、RNN 和自动编码器等模型的方法。其他相关的综述和教程 [10,25,26,30,31] 都与本书不太相同，原因在于本书从匹配的角度总结了现有工作（例如输入表示方法和匹配方式）。

本书聚焦于使用深度学习的最新匹配技术。希望读者对搜索和推荐有一定的了解。不熟悉该领域的读者可以参考现有资料 [3,9,32,33,34]。我们还假设读者具有足够的机器学习知识背景，尤其是深度学习。

---

① 因为本书提及的论文皆为英文论文，所以以中文人名的汉语拼音顺序与论文作者的署名保持一致。——编者注

第 2 章

传统匹配模型

人们已经提出了传统机器学习方法，用于搜索中的查询–文档匹配，以及推荐中的用户–项目匹配。这种方法可以在称为"匹配学习"的更为通用的框架中进行形式化。除搜索和推荐外，这种方法也可以用于其他应用，如转述、问答和自然语言对话。本章首先会给出匹配学习的一个形式化定义，然后介绍用于搜索和推荐的传统匹配学习方法，最后提供一些在此研究方向上的延伸阅读资料。

2.1 匹配学习

2.1.1 匹配函数

匹配学习问题可以被定义如下。假设有两个空间 $\mathcal{X}$ 和 $\mathcal{Y}$。一个匹配函数组成的类 $F = \{f(x, y)\}$ 被定义在来自两个空间的两个对象 $x \in \mathcal{X}$ 和 $y \in \mathcal{Y}$ 上，其中的每个函数 $f: \mathcal{X} \times \mathcal{Y} \mapsto \mathcal{R}$ 表示两个对象 x 和 y 和它们的关系可以用一个特征集 $\phi(x, y)$ 来表示。

匹配函数 $f(x, y)$ 可以是特征的一个线性组合：

$$f(x,y) = \langle w, \phi(x,y) \rangle$$

其中 w 是参数向量。它也可以是广义线性模型、树模型或者神经网络。

2.1.2 匹配函数的学习

监督学习可以被用来学习匹配函数 f 的参数，如图 2-1 所示。用于匹配的监督学习通常包含两个阶段：离线学习和在线匹配。在离线学习阶段，给定训练实例的一个集合 $D = \{(x_1, y_1, r_1), \cdots, (x_N, y_N, r_N)\}$，其中 r_i 是布尔值或者实数，表示对象 x_i 和 y_i 之间匹配的程度，N 则是训练数据的规模。学习过程就是选择在匹配中表现最好的一个匹配函数 $f \in \mathcal{F}$。在线匹配阶段，给定一个测试实例（对象所组成的一个对）$(x, y) \in \mathcal{X} \times \mathcal{Y}$，学到的匹配函数 f 被用来预测对象对 $f(x, y)$ 的匹配度。

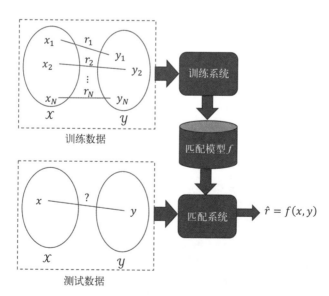

图 2-1 用于匹配的监督学习

与其他监督学习问题类似，我们可以定义匹配学习的目标为最小化一个损失函数，该函数表示匹配函数在训练集和测试集上能够达到多高的准确率。更具体地讲，给定训练集 D，学习过程等价于解决如下问题：

$$\underset{f \in \mathcal{F}}{\operatorname{argmin}} L(D, f) + \Omega(f)$$

目标函数包含两个部分：经验损失函数 $L(D, f)$ 衡量在训练数据上的匹配函数 f 的总体损失，以及正则化项 $\Omega(f)$ 防止模型对训练数据的过拟合。$\Omega(f)$ 一般被选择用于为 f 的复杂度增加惩罚。流行的正则化项有 ℓ_1、ℓ_2 及其混合形式。

根据经验损失函数 $L(D, f)$ 的不同定义，会产生不同类型的匹配学习算法。损失函数的三种类型分别是单实例（pointwise）损失函数、实例对（pairwise）损失函数和列表（listwise）损失函数，均已在文献中大量使用[16,17,35,36,37]。接下来简要描述这三类损失函数。

1. 单实例损失函数

单实例损失函数被定义在单个实例上，即一个源对象和一个目标对象。假设有一个对象对 (x, y) 及其真实匹配度 r。另外，假设针对 (x, y) 由匹配模型预测得到的匹配度为 $f(x, y)$。单实例损失函数被定义为表示匹配度之间差异的度量，表示为 $\ell^{\text{point}}(r, f(x, y))$。$f(x, y)$ 离 r 越近，损失函数值就越低。

在学习中，给定训练集 $D = \{(x_1, y_1, r_1), \cdots, (x_N, y_N, r_N)\}$，我们在训练数据上将总损失函数最小化，或者将对象对损失值的总和最小化：

$$L^{\text{point}}(D, f) = \sum_{i=1}^{N} \ell^{\text{point}}\left(f(x_i, y_i), r_i\right) \tag{2.1}$$

其中 r_i 是训练实例 (x_i, y_i) 的真实匹配度。

作为单实例损失函数的一个例子，均方误差（mean square error, MSE）是一个被广泛使用的损失函数。给定一个标记过的实例 (x, y, r) 和匹配模型 f，MSE 被定义为

$$\ell^{\text{MSE}} = \left(f(x, y) - r\right)^2$$

另外一个例子是交叉熵损失函数。交叉熵损失函数假设 $r \in \{0, 1\}$，其中 1 表示相关，0 表示不相关。另外，进一步假设 $f(x, y) \in [0, 1]$ 为 x 和 y 相关的预测概率，然后定义交叉熵损失函数为

$$\ell^{\text{cross-entropy}} = -r\log f(x, y) - (1 - r)\log\left(1 - f(x, y)\right)$$

2. 实例对损失函数

假设有两个对象对 (x, y^+) 和 (x, y^-)，其中的对象 x 是共享的。x 称为源对象（例如查询或用户），y^+ 和 y^- 称为目标对象（例如文档或项目）。进一步假设在给定对象 x 的情况下，对象 y^+ 和 y^- 之间存在序关系，表示为 $r^+ \succ r^-$。在此，r^+ 和 r^- 分别表示 (x, y^+) 和 (x, y^-) 的匹配度。对象之间的序关系可以通过显式或隐式的方法获得。

$f(x, y^+)$ 和 $f(x, y^-)$ 分别表示匹配模型 f 给出的 (x, y^+) 和 (x, y^-) 的匹配度。实例对损失函数定义为表示匹配度和序关系之间差异的度量，表示为 $\ell^{\text{pair}}\left(f(x, y^+), f(x, y^-)\right)$。$f(x, y^+) > f(x, y^-)$，二者的差值越大，则损失函数的值越小。

在学习中，给定训练集 D，可按如下方式导出一组有序对象对 P：

$$P = \left\{ \left(x, y^+, y^-\right) \mid \left(x, y^+, r^+\right) \in D \wedge \left(x, y^-, r^-\right) \in D \wedge r^+ \succ r^- \right\}$$

训练集上的总经验损失是有序对象对上的损失函数值之和：

$$L^{\mathrm{pair}}\left(P, f\right) = \sum_{\left(x, y^+, y^-\right) \in P} \ell^{\mathrm{pair}}\left(f\left(x, y^+\right), f\left(x, y^-\right)\right) \tag{2.2}$$

可以看到实例对损失函数是在有序对象对上定义的。

举例而言，实例对合页损失函数（hinge loss）比较常见。给定一个偏好对 $\left(x, y^+, y^-\right)$ 和匹配模型 f，实例对合页损失函数可定义为

$$\ell^{\mathrm{pairwise\text{-}hinge}} = \max\left\{0, 1 - f\left(x, y^+\right) + f\left(x, y^-\right)\right\}$$

在推荐中，实例对损失函数常见的另一个选择是贝叶斯个性化排序（Bayesian personalized ranking, BPR）损失函数[16]，其目的是最大限度地提高正例与负例间的预测间隔：

$$\ell^{\mathrm{pairwise\text{-}BPR}} = -\ln\sigma\left(f\left(x, y^+\right) - f\left(x, y^-\right)\right)$$

其中 $\sigma(\cdot)$ 是 S 型函数。

3. 列表损失函数

在搜索和推荐中，源对象（例如查询或用户）通常会与多个目标对象（例如多个文档或项目）相关。用于搜索和推荐的评估措施通常将目标对象列表作为一个整体来对待。因此，在目标对象列表上定义损失函数也是合理的，这种损失函数称为列表损失函数。假

设有源对象 x 与多个目标对象 $\boldsymbol{y} = \{y_1, y_2, \cdots, y_N\}$，以及相应的真实匹配度为 $\boldsymbol{r} = \{r_1, r_2, \cdots, r_N\}$。在 x 和 $y_1, y_2, \cdots, y_N$ 之间由 f 预测的匹配度为 $\hat{\boldsymbol{r}} = \{f(x, y_1), \cdots, f(x, y_N)\}$。列表损失函数定义为表示真实匹配度和预测匹配度之间差异的度量，表示为 $\ell^{\mathrm{list}}(\hat{\boldsymbol{r}}, \boldsymbol{r})$。$\hat{\boldsymbol{r}}$ 中预测的匹配度与 $\boldsymbol{r}$ 中真实的匹配度越高，则损失函数的值越低。在学习中，给定训练集 $D = \{(x_i, y_i, r_i)\}_{i=1}^{M}$，经验损失函数被定义为训练实例上列表损失的总和：

$$L^{\mathrm{list}}(D, f) = \sum_{(x, y, r) \in D} \ell^{\mathrm{list}}(\hat{\boldsymbol{r}}, \boldsymbol{r}) \tag{2.3}$$

作为列表损失函数的一个示例，某些方法将其定义为给定其他不相关对象的相关对象的负概率。具体而言，假设 $\boldsymbol{y}$ 中仅存在一个相关文档，该文档表示为 y^+。然后，标记对象的列表可以写为 $(x, \boldsymbol{y} = \{y^+, y_1^-, \cdots, y_M^-\})$，其中 $y_1^-, \cdots, y_M^-$ 是 M 个不相关的对象。列表损失函数可以定义为在给定 x 时 y 是相关的负概率：

$$\ell^{\mathrm{prob}} = -P(y^+ \mid x) = \frac{\exp(\lambda f(x, y^+))}{\sum_{y \in \boldsymbol{y}} \exp(\lambda f(x, y))}$$

其中 $\lambda > 0$ 是一个参数。

4. 与排序学习的关系

我们认为匹配学习和排序学习是两个不同的机器学习问题，尽管它们密切相关。排序学习[33,38] 是学习一个表示为 $g(x, y)$ 的函数，其中 x 和 y 可以分别是搜索中的查询和文档，或者推荐中的用户和项目。例如，在搜索中，排序函数 $g(x, y)$ 可能包含 x 和 y 之间关系的特征，以及 x 和 y 自身的特征。相比之下，匹配函数 $f(x, y)$ 仅包含 x 和 y 之间关系的特征。

通常，首先训练匹配函数 $f(x,y)$，然后以 $f(x,y)$ 为特征来训练排序函数 $g(x,y)$。对于排序，确定多个对象的顺序是关键；而对于匹配，确定两个对象之间的关系是关键。当排序函数 $g(x,y)$ 仅包含匹配函数 $f(x,y)$ 时，只需要学习即可进行匹配。

在搜索中，x 的特征可以是查询 x 的语义类别，y 的特征可以是 PageRank 分数和文档 y 的 URL 长度。匹配函数 $f(x,y)$ 定义的特征可以是传统信息检索中的 BM25，也可以是传统机器学习或深度学习中所学习的函数。排序函数 $g(x,y)$ 可以通过 LambdaMART[39] 实现，LambdaMART 是传统的机器学习算法。表 2-1 列出了匹配学习和排序学习之间的一些关键差异。

表 2-1　匹配学习和排序学习的对比

	匹配学习	排序学习
预测	查询和文档之间的匹配度	文档排序列表
模型	$f(x,y)$	$g(x,y_1),\cdots,g(x,y_N)$
挑战	误匹配	顶部的正确排序

最近，研究人员发现，传统信息检索中的单变量评分模式是次优的，因为它无法捕获文档间的关系和本地上下文信息。研究人员已经开发了将文档列表与多元打分函数直接进行排序的排序模型[40,41,42,43]。在推荐方面人们也做了类似的工作[44]。因此，从这个意义上说，匹配和排序的问题可以更加明显地区分开。

2.2　搜索和推荐中的匹配模型

接下来概述搜索和推荐中的匹配模型，并介绍潜在空间中的匹配方法。

2.2.1 搜索中的匹配模型

当应用于搜索时，匹配学习的过程可以被描述如下。给定一个查询文档对的集合 $D = \{(q_1,d_1,r_1),(q_2,d_2,r_2),\cdots,(q_N,d_N,r_N)\}$ 作为训练数据，其中 q_i、d_i 和 $r_i(i=1,\cdots,N)$ 分别表示查询、文档和查询文档匹配度（相关性）。每个元组 $(q,d,r) \in D$ 的生成方式如下：查询 q 根据概率分布 $P(q)$ 生成，文档 d 根据条件概率分布 $P(d|q)$ 生成，并且相关性 r 是根据条件概率分布 $P(r|q,d)$ 生成的。这符合以下事实：将查询独立提交给搜索系统，使用查询词检索与查询相关的文档，文档与查询的相关性由查询和文档的内容确定。人工加标的数据或历史点击数据可以用作训练数据。

用于搜索的匹配学习的目标是自动学习一个匹配模型，该模型表示为打分函数 $f(q,d)$（或条件概率分布 $P(r|q,d)$）。可以将学习问题形式化为将公式 (2.1) 中的单实例损失函数值、公式 (2.2) 中的实例对损失函数值或公式 (2.3) 中的列表损失函数值最小化。学习到的模型必须具有泛化能力，可以对还没见过的测试数据进行匹配。

2.2.2 推荐中的匹配模型

当应用于推荐时，匹配学习的过程可以被描述如下。给定一组 M 个用户的集合 $U = \{u_1,\cdots,u_M\}$ 和一组 N 个项目的集合 $V = \{i_1,\cdots,i_N\}$，以及评分矩阵 $R \in \mathbf{R}^{M \times N}$，其中每个条目 r_{ij} 表示用户 u_i 在项目 i_j 上的评分（互动），如果该评分（互动）未知，则 r_{ij} 的值被设为零。假设每个元组 (u_i,i_j,r_{ij}) 的生成方式如下：用户 u_i 是根据概率分布 $P(u_i)$ 生成的，项目 i_j 是根据概率分布 $P(i_j)$ 生成的，而评分 r_{ij} 则是根据条件概率分布 $P(r_{ij}|u_i,i_j)$ 生成的。这与事实相对应：用户和项目在推荐系统中表示，

某一个用户对项目的兴趣由系统中用户对项目的已知兴趣确定。

用于推荐的匹配学习的目标是学习底层的匹配模型 $f\left(u_i, i_j\right)$，该模型可以对矩阵 R 中零项的评分（互动）做出预测：

$$\hat{r}_{ij} = f\left(u_i, i_j\right)$$

其中 $\hat{r}_{ij}$ 表示用户 u_i 与项目 i_j 之间的估计亲和力得分。这样，给定用户可以推荐对于该用户具有最高得分的项目子集。学习问题可以形式化为最小化正则经验损失函数。不用说，损失函数可以是单实例损失函数、实例对损失函数或者列表损失函数，如公式 (2.1)、公式 (2.2) 或公式 (2.3) 所示。如果损失函数是像平方损失或交叉熵之类的单实例损失函数，则模型学习会成为一个回归或分类问题，其中预测值指示感兴趣的强度。如果损失函数是实例对损失函数或列表损失函数，这将成为一个真正的排序问题，其中预测值指示某一个用户对项目感兴趣的相对强度。

2.2.3　潜在空间中的匹配

如第 1 章中所述，搜索和推荐中匹配的基本问题是来自两个不同空间（查询 - 文档，用户 - 项目）的对象之间的误匹配。解决问题的一种有效方法是在一个公共空间中表示两个对象的匹配，并在公共空间中执行匹配任务。由于这一空间可能没有明确的定义，因此通常称为"潜在空间"。这是潜在空间中匹配方法用于搜索 [45] 和推荐 [15] 背后的基本思想。

在不失一般性的前提下，以搜索为例。图 2-2 阐释了潜在空间中的查询 - 文档匹配。图 2-2 中存在三个空间：查询空间、文档空间和潜在空间，而且查询空间和文档空间之间存在语义间隙。查询和文档首先映射到潜在空间，然后在潜在空间中进行匹配。两个映射函数指定了从查询空间和文档空间到潜在空间的映射。在潜在空间中使用不同类型的映射函数（例如线性和非线性）和相似性度量（例如内积和欧几里得距离）会导致不同类型的匹配模型。

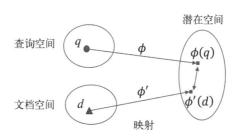

图 2-2　潜在空间中的查询 – 文档匹配

形式上，令 $\mathcal{Q}$ 表示查询空间（查询 $q \in \mathcal{Q}$），$\mathcal{D}$ 表示文档空间（文档 $d \in \mathcal{D}$），$\mathcal{H}$ 表示潜在空间。从 $\mathcal{Q}$ 到 $\mathcal{H}$ 的映射函数表示为 $\phi : \mathcal{Q} \mapsto \mathcal{H}$，其中 $\phi(q)$ 代表 $\mathcal{H}$ 中 q 的映射向量。类似地，从 $\mathcal{D}$ 到 $\mathcal{H}$ 的映射函数表示为 $\phi' : \mathcal{D} \mapsto \mathcal{H}$，其中 $\phi'(d)$ 代表 $\mathcal{H}$ 中 d 的映射向量。q 和 d 之间的匹配分数定义为潜在空间中 q 和 d 的映射向量（表示）之间的相似性，即 $\phi(q)$ 和 $\phi'(d)$。

在深度学习盛行之前，大多数方法是"浅"的，因为线性函数和内积分别被用作映射函数和相似性，即

$$s(q,d) = \langle \phi(q), \phi'(d) \rangle \tag{2.4}$$

其中 ϕ 和 ϕ' 表示线性函数，$\langle \cdot \rangle$ 表示内积。

在学习模型时，需要给出指示查询和文档之间匹配关系的训练实例。例如，可以使用历史点击数据。训练数据表示为 $(q_1, d_1, c_1), (q_2, d_2, c_2), \cdots,$

(q_N, d_N, c_N)，其中每个实例是查询、文档和点击数（或点击数的对数）的三元组。

2.3 搜索中的潜在空间模型

接下来，我们以潜在空间为基础介绍匹配模型。Hang Li 等人的文章中包含搜索中语义匹配的完整介绍[9]。具体来说，我们将简要介绍在潜在空间中执行匹配的代表性搜索方法，包括偏最小二乘（partial least square, PLS）[46]、潜在空间中的正则匹配（regularized matching in latent space, RMLS）[45] 和监督语义索引（supervised semantic indexing, SSI）[47,48]。

2.3.1 PLS

PLS 最初被提出时是用于统计回归的一种技术[46]。有研究显示，PLS 可以用于学习搜索中的潜在空间模型[49]。

让我们考虑使用公式 (2.4) 中的匹配函数 $f(q, d)$。我们还假设映射函数定义为 $\phi(q) = L_q q$ 和 $\phi'^{(d)} = L_d d$，其中 q 和 d 分别是代表查询 q 和文档 d 的特征向量，L_q 和 L_d 是标准正交矩阵（orthonormal matrix）。因此，匹配函数变为

$$f(q, d) = \left\langle L_q q, L_d d \right\rangle \tag{2.5}$$

其中 L_q 和 L_d 是要被学习的。

在给定训练数据的情况下，对 L_q 和 L_d 的学习可以优化目标函数（基于单实例损失），并具有以下约束条件：

$$\underset{L_q,L_d}{\text{argmax}} = \sum_{(q_i,d_i)} c_i f(q_i, d_i)$$
$$\text{s.t.} \quad \boldsymbol{L}_q \boldsymbol{L}_q^{\text{T}} = \boldsymbol{I}, \quad \boldsymbol{L}_d \boldsymbol{L}_d^{\text{T}} = \boldsymbol{I} \tag{2.6}$$

其中 (q_i, d_i) 是查询－文档对，c_i 是该查询－文档对的点击数，$\boldsymbol{I}$ 是单位矩阵。这是一个非凸优化问题，但是存在全局最优值，可以使用奇异值分解（singular value decomposition, SVD）来实现[45,49]。

2.3.2 RMLS

PLS 假定映射函数是标准正交矩阵。当训练数据量很大时，学习变得困难，因为它需要解决 SVD，时间复杂度很高。为了解决这个问题，Wei Wu 等人[45] 提出了一种称为"潜在空间中的正则匹配"（regularized matching in latent space, RMLS）的新方法，在该方法中，在假设解决方案稀疏的前提下，PLS 中的正交约束被 ℓ_1 和 ℓ_2 正则化项代替。这样一来，不需要求解 SVD 就可以有效地执行优化。具体而言，优化问题变成了最小化基于有 ℓ_1 和 ℓ_2 约束的（单实例）损失函数：

$$\underset{L_q,L_d}{\text{argmax}} = \sum_{(q_i,d_i)} c_i f(q_i, d_i)$$
$$\text{s.t.} \quad \forall j: \ |l_q^j| \le \theta_q, \ |l_d^j| \le \theta_d, \ \|l_q^j\| \le \tau_q, \ \|l_d^j\| \le \tau_d \tag{2.7}$$

其中 (q_i, d_i) 是查询－文档对，c_i 是该查询－文档对的点击数，$\boldsymbol{L}_q$ 和 $\boldsymbol{L}_d$ 是线性映射矩阵，l_q^j 和 l_d^j 是 $\boldsymbol{L}_q$ 和 $\boldsymbol{L}_d$ 的第 j 行向量，θ_q、θ_d、τ_q 和 τ_d 是阈值。$|\cdot|$ 和 $\|\cdot\|$ 分别表示 ℓ_1 和 ℓ_2 范数。请注意，正则化是在行向量而非列向量上定义的。使用 ℓ_2 范数是为了避免琐碎的解决方案。

RMLS 中的学习也是一个非凸优化问题，不能保证找到全局最优的解决方案。解决该问题的一种方法是采用替代性优化，即首先固定

L_q 和优化 L_d，接着固定 L_d 和优化 L_q，然后重复这一步骤直到收敛。可以很容易地看出，优化可以分解并按矩阵逐行和逐列执行。这意味着 RMLS 中的学习可以易于并行化和扩展。

公式 (2.5) 中的匹配函数可以被重写为双线性函数：

$$\begin{aligned} f\left(q,d\right) &= \left(L_q q\right)^{\mathrm{T}} \left(L_d d\right) \\ &= q^{\mathrm{T}} \left(L_q^{\mathrm{T}} L_d\right) d \\ &= q^{\mathrm{T}} W d \end{aligned} \tag{2.8}$$

其中 $W = L_q^{\mathrm{T}} L_d$。因此，PLS 和 RMLS 都可以看作学习具有矩阵 W 的双线性函数的方法，该矩阵可以分解为两个低阶矩阵 L_q 和 L_d。

2.3.3　SSI

在 PLS 和 RMLS 中可以做一个特殊的假设。也就是说，查询空间和文档空间具有相同的维度。例如，当查询和文档都用词袋表示时，它们在查询和文档空间中的维数相同。结果，公式 (2.8) 中的 W 变为方阵。Bing Bai 等人提出的监督语义索引（supervised semantic indexing, SSI）中的潜在空间模型，精确地做出了假设 [47,48]。它进一步将 W 表示为低秩和对角线保留矩阵：

$$W = L_q^{\mathrm{T}} L_d + I$$

其中 I 表示单位矩阵。因此，匹配函数变为

$$f\left(q,d\right) = q^{\mathrm{T}} \left(L_q^{\mathrm{T}} L_d + I\right) d$$

单位矩阵的增加意味着 SSI 在使用低维潜在空间和使用经典向量空间模型（vector space model, VSM）之间进行了权衡。[①] 矩阵 $\boldsymbol{W}$ 的对角线为同时出现在查询和文档中的每个项赋予一个分数。

给定历史点击数据，首先导出有序查询 - 文档对，表示为 $P=\left\{\left(q_1,d_1^+,\right.\right.$ $\left.\left.d_1^-\right),\cdots,\left(q_M,d_M^+,d_M^-\right)\right\}$，其中 d^+ 排序高于 d^-，M 是查询 - 文档对的数目。学习的目标是选择合适的 $\boldsymbol{L}_q$ 和 $\boldsymbol{L}_q$，使得 $f\left(q,d^+\right)>f\left(q,d^-\right)$ 对所有查询 - 文档对都成立。采用实例对损失函数，优化问题变为

$$
\begin{aligned}
&\underset{L_q,L_d}{\operatorname{argmin}}\sum_{\left(q,d^+,d^-\right)\in P}\max\left(0,1-\left(f\left(q,d^+\right)-f\left(q,d^-\right)\right)\right)\\
&=\underset{L_q,L_d}{\operatorname{argmin}}\sum_{\left(q,d^+,d^-\right)\in P}\max\left(0,1-q^{\mathrm{T}}\left(\boldsymbol{L}_q^{\mathrm{T}}\boldsymbol{L}_d+\boldsymbol{I}\right)\left(d^+-d^-\right)\right)
\end{aligned}
\tag{2.9}
$$

SSI 的学习也是一个非凸优化问题，不能保证找到全局最优解。可以通过类似 RMLS 的方式进行优化。

2.4　推荐中的潜在空间模型

接下来简要介绍在潜在空间中进行匹配的推荐典型方法，包括带偏置的矩阵分解（biased matrix factorization, BMF）[15]、因子项相似性模型（factored item similarity model, FISM）[50] 和因子分解机（factorization machine, FM）[21]。

---

① 如果 $\boldsymbol{W}=\boldsymbol{I}$，那么模型退化为 VSM。如果 $\boldsymbol{W}=\boldsymbol{L}_q^{\mathrm{T}}\boldsymbol{L}_d$，则该模型等效于 PLS 和 RMLS 的模型。

2.4.1 BMF

BMF 是一种用于预测用户评分的模型[15]，也就是将推荐形式化为回归任务。它是在 Netflix Challenge 大赛期间开发出来的，并因其简单性和有效性而迅速流行。匹配模型可以表示为

$$f(u,i) = b_0 + b_u + b_i + \boldsymbol{p}_u^{\mathrm{T}} \boldsymbol{q}_i \tag{2.10}$$

其中 b_0、b_u 和 b_i 是标量，分别表示总体得分、用户偏差和评分中的项目偏差。$\boldsymbol{p}_u$ 和 $\boldsymbol{q}_i$ 分别是表示用户和项目的潜在向量。这可以理解为仅使用用户和项目的 ID 作为其特征，并使用两个线性函数将 ID 投影到潜在空间中。设 $\boldsymbol{u}$ 为用户 u 的独热 ID 向量，$\boldsymbol{i}$ 为项目 i 的独热 ID 向量，$\boldsymbol{P}$ 为用户投影矩阵，$\boldsymbol{Q}$ 为项目投影矩阵。然后可以在等式 (2.4) 的映射框架下表示模型：

$$f(u,i) = \left\langle \phi(u), \phi'^{(i)} \right\rangle = \left\langle [b_0, b_u, 1, \boldsymbol{P} \cdot \boldsymbol{u}], [1, 1, b_i, \boldsymbol{Q} \cdot \boldsymbol{i}] \right\rangle \tag{2.11}$$

其中 $[\cdot, \cdot]$ 表示向量拼接。

给定训练数据，模型参数（$\Theta = \{b_0, b_u, b_i, \boldsymbol{P}, \boldsymbol{Q}\}$）的学习将通过正则化来优化单实例回归误差：

$$\underset{\Theta}{\mathrm{argmin}} \sum_{(u,i) \in \mathcal{D}} \left(R_{ui} - f(u,i) \right)^2 + \lambda \|\Theta\|^2 \tag{2.12}$$

其中 $\mathcal{D}$ 表示所有观察到的评分，R_{ui} 表示 (u,i) 的等级，并且 λ 是 L_2 正则化系数。由于这是一个非凸优化问题，因此交替最小二乘[51]或随机梯度正则化[15]通常不能保证找到全局最优值。

2.4.2 FISM

FISM[50] 采纳了基于项目的协同过滤的假设，即用户更偏向于选择与到目前为止已经选择过的项目相似的那些项目。为此，FISM 中的潜在空间模型使用用户选择过的项目来代表用户，并将组合的项目投影到潜在空间中。FISM 的模型公式为

$$f(u,i) = b_u + b_i + d_u^{-\alpha} \left(\sum_{j \in \mathcal{D}_u^+} \boldsymbol{p}_j \right)^{\mathrm{T}} \boldsymbol{q}_i \tag{2.13}$$

其中 $\mathcal{D}_u^+$ 表示用户 u 选择的项目，d_u 表示这类项目的数量。$d_u^{-\alpha}$ 表示对用户进行的规范化。$\boldsymbol{q}_i$ 是目标项目 i 的潜在向量，$\boldsymbol{p}_j$ 是用户 u 选择的历史项目 j 的潜在向量。FISM 将 $\boldsymbol{p}_j^{\mathrm{T}} \boldsymbol{q}_j$ 视为项目 i 和 j 之间的相似性，并聚合了目标项目 i 和用户 u 的历史项目的相似性。

FISM 采用实例对损失函数，并从二进制隐式反馈中学习模型。假设 $\mathcal{U}$ 是所有用户的集合，则总实例对损失函数值为

$$\sum_{u \in \mathcal{U}} \sum_{i \in \mathcal{D}_u^+} \sum_{j \notin \mathcal{D}_u^+} \left(f(u,i) - f(u,j) - 1 \right)^2 + \lambda \|\Theta\|^2 \tag{2.14}$$

这强制一个（被观察到的）正实例的分数大于一个（未被观察到的）负实例的分数，其间隔为 1。另一种实例对损失函数，即贝叶斯个性化排序（Bayesian personalized ranking, BPR）[16] 损失函数也被广泛使用：

$$\sum_{u \in \mathcal{U}} \sum_{i \in \mathcal{D}_u^+} \sum_{j \notin \mathcal{D}_u^+} -\ln \sigma \left(f(u,i) - f(u,j) \right) + \lambda \|\Theta\|^2 \tag{2.15}$$

其中 $\sigma(\cdot)$ 表示 S 型函数，它将得分的差转换为 0 和 1 之间的概率值，因此损失可以从概率角度来解释。这两种损失的主要区别在于，BPR 强制

正负实例之间的差异尽可能大，而没有明确定义间隔。两种实例对损失都可以看作曲线下面积（area under the curve, AUC）度量的替代，该度量衡量模型对实例对的排序有多少是正确的。

2.4.3 FM

FM[21] 是作为推荐的通用模型而开发的。除了用户交互信息，FM 也引入了用户和项目的额外信息，比如用户画像（例如年龄、性别等）、项目属性（例如类别、标签等）和上下文（例如时间、位置等）。FM 的输入是一个特征向量 $x = [x_1, x_2, \cdots, x_n]$，可以包含如上所述的表示匹配函数的任何特征。因此，FM 将匹配问题视为监督学习问题。它将特征投影到潜在空间中，用内积来建模它们的交互：

$$f(x) = b_0 + \sum_{i=1}^{n} b_i x_i + \sum_{i=1}^{n} \sum_{j=i+1}^{n} v_i^{\mathrm{T}} v_j x_i x_j \tag{2.16}$$

其中 b_0 是偏差，b_i 是特征 x_i 的权重，v_i 是特征 x_i 的潜在向量。假设输入向量 x 可能很大但很稀疏，例如分类特征的多热编码，FM 仅捕获非零特征（其项为 $x_i x_j$）之间的交互。

FM 是一种非常通用的模型，从某种意义上说，将不同的输入特征输入模型将导致模型的不同表述。例如，当 x 仅保留用户 ID 和目标项目 ID 时，FM 成为 BMF 模型；当 x 仅保留用户历史选择项目的 ID 和目标项目的 ID 时，FM 成为 FISM 模型。FM 还可以通过适当的特征工程将诸如 SVD[52] 和因子分解个性化马尔可夫链（factorized personalized Markov chain, FPMC）[53] 的其他流行的潜在空间模型包含在内。

2.5 延伸阅读

查询重构是解决搜索中查询－文档不匹配问题的另一种方法，即将查询转换为可以更好地匹配的另一个查询。查询转换包括查询的拼写错误纠正。例如，Eric Brill 和 Robert C. Moore 提出了一个源通道模型[54]，Ziqi Wang 等人提出了一种不同的方法来处理相同的任务[55]。查询转换还包括查询切分[56,57,58]。受统计机器翻译（statistical machine translation，SMT）的启发，研究人员还考虑利用翻译技术来处理查询－文档不匹配的情况，假设查询和文档分别使用的是不同的语言。Adam Berger 和 John Lafferty 利用基于单词的翻译模型来执行任务[59]。Jianfeng Gao 等人提出使用基于短语的翻译模型来捕获查询中的单词与文档标题之间的依存关系[60]。主题模型也可以用来解决不匹配问题。一种简单有效的方法是使用术语匹配得分和主题匹配得分的线性组合[61]。概率主题模型还用于平滑文档语言模型（或查询语言模型）[62,63]。Hang Li 和 Jun Xu 对用于处理搜索中语义匹配的传统机器学习方法做了详尽的研究[9]。

在推荐中，除了引入经典的潜在因子模型外，还发展出了其他类型的方法。例如，可以使用预定义的启发式方法在原始交互空间上进行匹配，例如基于项目的协同过滤[14]以及基于用户和项目的统一协同过滤[64]。用户－项目交互可以组织为二部图，在其上执行随机游走以估计任意两个节点（用户－项目、用户－用户或项目－项目）之间的相关性[65,66]。还可以使用概率图模型对用户－项目交互的生成过程进行建模[67]。为了引入各种辅助信息，例如用户画像和上下文，除了引入的 FM 模型外，还利用了张量因子分解[68]和协同矩阵因子分解[69]。读者还可阅读有关采用传统匹配方法进行推荐的两篇综述文章[3,13]。

第 3 章
用于匹配的深度学习

近年来，深度学习在应用于搜索和推荐的匹配中，已取得了飞速的进步[10,70]。取得这一成功的主要原因在于，深度学习在学习输入表示形式（查询、文档、用户和项目）以及学习用于匹配的非线性函数方面的强大能力。本章会首先概述深度学习技术，然后描述用于在搜索和推荐中进行匹配的深度学习的通用框架、典型架构和设计原理。

3.1 深度学习概述

3.1.1 深度神经网络

深度神经网络是从输入到输出的复杂非线性函数。本节中描述了几种广泛使用的神经网络架构。Ian Goodfellow、Yoshua Bengio 和 Aaron Courville 合著的《深度学习》一书中有更详细的介绍。

1. FFN

前馈神经网络（feedforward neural network, FFN）也称为多层感知机（multilayer perceptron, MLP），是由多层单元组成的神经网络，这些

单元逐层连接，没有回路。之所以称为"前馈"，是因为信号在网络中仅沿一个方向移动：从输入层到隐藏层，最后到输出层。前馈神经网络可用于近似任何函数，例如将输入向量 x 映射到输出标量 y 的回归量 $y = f(x)$。

图 3-1 显示了具有一个隐藏层的前馈神经网络。对于输入向量 x，神经网络返回输出向量 y。该模型定义为以下非线性函数：

$$y = \sigma\left(W_2 \cdot \sigma\left(W_1 \cdot x + b_1\right) + b_2\right)$$

其中 σ 是逐元素的 S 型函数，W_1、W_2、b_1 和 b_2 是在学习中要确定的模型参数。要构建更深的神经网络，只需要在网络顶部堆叠更多的层即可。除了 S 型函数，其他函数如 tanh 函数和修正线性单元（rectified linear unit, ReLU）函数也可使用。

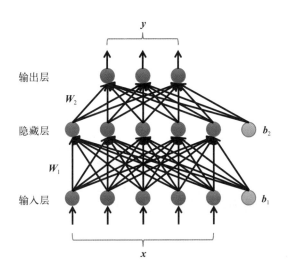

图 3-1　一个简单的前馈神经网络

在学习中，输入－输出对的训练数据作为真实值被输入网络中。通过对比真实值和网络的预测来计算每种情况下的损失，并通过调整参数执行训练，使总损失最小化。执行最小化采用的是众所周知的反向传播算法。

2. CNN

卷积神经网络（convolutional neural network, CNN）是在至少一层中利用卷积运算的神经网络。它们是专用的神经网络，用于处理具有网格状结构的数据，例如时间序列数据（时间间隔的一维网格）和图像数据（像素的二维网格）。

如图 3-2 所示，典型的卷积网络由多个堆叠层组成：卷积层、探测器层和汇聚层。在卷积层中，并行使用卷积函数以生成一组线性激活。在探测器层中，线性激活集通过非线性激活函数运行。在汇聚层中，汇聚函数用于进一步修改输出集。

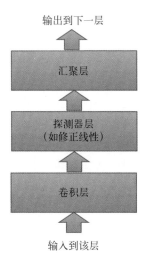

图 3-2　典型的卷积层

图 3-3 显示了全连接层和卷积层之间的比较。全连接层使用权重矩阵来建模所有输入单元的全局特征，因此它在层之间具有密集的连接。卷积层使用卷积核向量（或矩阵）来模拟每个位置（单元）的局部特征，其中核的权重在各个位置（单元）之间共享。因此，层与层之间的连接是稀疏的。具体而言，在一维中，在给定卷积核 w 和输入向量 x 的情况下，位置（单元）i 的输出确定为

$$y_i = \left(x * w\right)(i) = \sum_a x_{i-a} w_a$$

其中 "$*$" 表示卷积运算符。

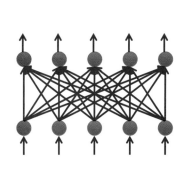
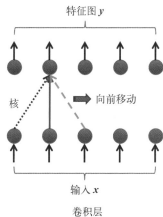

全连接层
以不同权重密集交互

卷积层
以共享权重稀疏交互

图 3-3　全连接层和卷积层

在二维情况下，在给定卷积核 K 和输入矩阵 X 的情况下，位置（单元）(i, j) 的输出确定为

$$Y_{i,j} = \left(X * W\right)(i, j) = \sum_a \sum_b X_{i-a, j-b} W_{a,b}$$

在探测器层中，通常使用非线性激活函数，例如 S 型函数、tanh 函数和 ReLU 函数。

在汇聚层中，利用了诸如最大汇聚、平均汇聚和最小汇聚之类的汇聚函数。例如，在最大汇聚中，将每个位置的输出确定为附近核的最大输出。

3. RNN

循环神经网络（recurrent neural network, RNN）是用于处理序列数据 $x^{(1)}, \cdots, x^{(T)}$ 的神经网络。与前馈神经网络一次只能处理一个实例不同，循环神经网络可以处理长度可变的长实例序列。

如图 3-4 所示，循环神经网络在不同位置共享相同的参数。也就是说，在每个位置上，输出来自当前位置上的输入以及先前位置上的输出的相同函数。在不同位置使用相同规则确定输出。具体而言，在每个位置 $t = 1, \cdots, T$ 上，输出向量 $o(t)$ 和隐藏单元 $h(t)$ 的状态为

$$h(t) = \tanh\left(Wh^{(t-1)} + Ux^{(t)} + b_1\right)$$

$$o^{(t)} = \mathrm{softmax}\left(Vh^{(t)} + b_2\right)$$

其中 W、U、V、b_1 和 b_2 是模型参数。

展开一个循环神经网络，就获得了一个具有许多阶段的深度神经网络（见图 3-4 右侧），它在所有阶段都共享参数。阶段数由输入序列的长度决定。这种结构使学习循环神经网络模型具有挑战性，因为在位置上传播的梯度可能会消失或爆炸。为了解决这个问题，人们提出了循环神经网络的变体，例如长短期记忆（long short term memory, LSTM）神

经网络和门控循环单元（gated recurrent unit, GRU）神经网络。

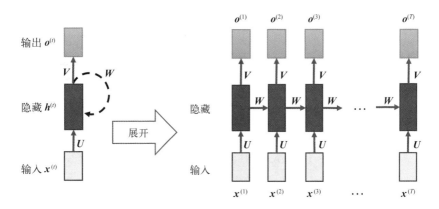

图 3-4　循环神经网络及其展开形式

4. NMT

注意力是深度学习中有用的工具。注意力最初是在神经机器翻译（neural machine translation, NMT）中被提出的，用于在编码器–解码器模型中有选择性并且动态地从源语句中收集信息[71]。

基于注意力机制的模型　图 3-5 显示了具有附加注意力机制的编码器–解码器模型。假设有长度为 M 的输入序列 $(w_1, w_2, \cdots, w_M)$ 和长度为 N 的输出序列 $(y_1, y_2, \cdots, y_N)$。编码器（例如一个循环神经网络）在每个输入位置 $w_i(i=1, \cdots, M)$ 上创建一个隐藏状态 $\boldsymbol{h}_i$。解码器在输出位置 $t(t=1, \cdots, N)$ 上构造一个隐藏状态 $\boldsymbol{s}_t = f(\boldsymbol{s}_{t-1}, y_{t-1}, \boldsymbol{c}_t)$，其中 f 是解码器，$\boldsymbol{s}_{t-1}$ 和 y_{t-1} 的函数是先前位置的状态和输出，$\boldsymbol{c}_t$ 是此位置的上下文向量。上下文向量定义为所有输入位置的隐藏状态之和，并由注意力得分加权：

$$\boldsymbol{c}_t = \sum_{i=1}^{M} \alpha_{t,i} \boldsymbol{h}_i$$

而注意力得分 $\alpha_{t,i}$ 定义为

$$\alpha_{t,i} = \frac{\exp\big(g\big(s_t, h_i\big)\big)}{\sum_{j=1}^{M} \exp\big(g\big(s_t, h_j\big)\big)}$$

函数 g 由先前输出位置的隐藏状态和当前输出位置的上下文向量确定。例如，可以将其定义为具有单个隐藏层的 FFN：

$$g\big(s_t, h_i\big) = v_a^{\mathrm{T}} \tanh\big(W_a\big[s_t, h_i\big]\big)$$

其中 v_a 和 W_a 是参数。

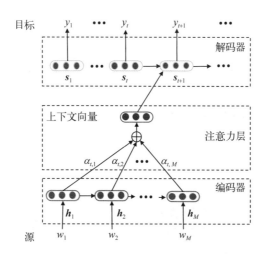

图 3-5　具有加性注意力机制的编码器 – 解码器模型

可以看到，上下文向量 c_t 有选择性并且动态地将整个输入序列的信息与注意力机制结合在一起。与仅使用单个向量的传统编码器 – 解码器模型相比，无论距离如何，基于注意力机制的模型都使用多个向量来捕获编码器的信息。

Transformer Transformer[72] 是编码器 – 解码器框架下的另一个基于注意力机制的神经网络。与前面提到的顺序读取输入序列（从左到右或从右到左）的模型不同，Transformer 一次读取整个输入序列。该特征使它能够同时考虑词的左右上下文来学习模型。

如图 3-6 所示，Transformer 由一个编码器和一个解码器组成，编码器用于将输入的词序列转换为向量序列（内部表示），解码器用于生成给定内部表示形式，一一输出词的顺序。编码器是具有相同结构的编码器组件的栈，解码器也是具有相同结构的解码器组件的栈，其中编码器和解码器具有相同编号的组件。

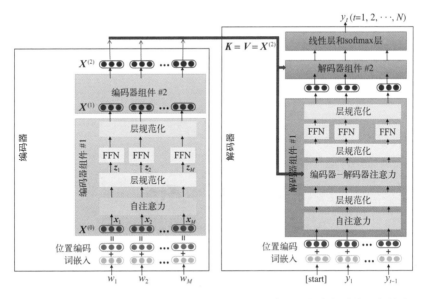

图 3-6 具有两层编码器和解码器的示例转换器。编码器负责创建输入词的内部表示。多次应用解码器以逐个生成输出词。注意，子层周围的剩余连接未在图中显示

每个编码器组件或层都由一个自注意力子层和一个 FFN 子层组成。它将接收到的序列向量（打包成矩阵）作为输入，使用自注意力子层处理向量，然后将其通过 FFN 子层传递。最后，它发送向量到下一个编码器组件，作为输出。具体而言，输入是长度为 M 的词序列 $(w_1, w_2, \cdots, w_M)$。每个词 w_i 由向量 $\boldsymbol{x}_i$ 表示，作为词嵌入和位置编码的总和。这些向量打包成一个矩阵 $\boldsymbol{X}^{(0)} = [\boldsymbol{x}_1, \boldsymbol{x}_2, \cdots, \boldsymbol{x}_M]^{\mathrm{T}}$。自注意力子层通过定义如下的自注意力将 $\boldsymbol{X}^{(0)}$ 转换为 $\boldsymbol{Z} = [\boldsymbol{z}_1, \boldsymbol{z}_2, \cdots, \boldsymbol{z}_M]^{\mathrm{T}}$：

$$\boldsymbol{Z} = \mathrm{Attention}(\boldsymbol{Q}, \boldsymbol{K}, \boldsymbol{V}) = \mathrm{softmax}(\frac{\boldsymbol{Q}\boldsymbol{K}^{\mathrm{T}}}{\sqrt{d_k}})\boldsymbol{V}$$

其中 $\boldsymbol{Q}$、$\boldsymbol{K}$ 和 $\boldsymbol{V}$ 分别是查询向量、键向量和值向量的矩阵；d_k 是键向量的维数；$\boldsymbol{K}$ 是由 M 个向量组成的结果矩阵。矩阵 $\boldsymbol{Q}$、$\boldsymbol{K}$ 和 $\boldsymbol{V}$ 的计算公式为

$$\boldsymbol{Q} = \boldsymbol{X}^{(0)}\boldsymbol{W}_Q$$
$$\boldsymbol{K} = \boldsymbol{X}^{(0)}\boldsymbol{W}_K$$
$$\boldsymbol{V} = \boldsymbol{X}^{(0)}\boldsymbol{W}_V$$

其中 $\boldsymbol{W}_Q$、$\boldsymbol{W}_K$ 和 $\boldsymbol{W}_V$ 是嵌入矩阵。接下来，$\boldsymbol{Z}$ 中的向量 $\boldsymbol{z}_i$ 由 FFN 子层独立处理。在每个子层中，采用残差连接，然后进行层规范化。编码器组件的输出表示为 $\boldsymbol{X}^{(1)} = [\boldsymbol{x}_1^{(1)}, \boldsymbol{x}_2^{(1)}, \cdots, \boldsymbol{x}_M^{(1)}]^{\mathrm{T}}$。然后将 $\boldsymbol{X}^{(1)}$ 送入下一个编码器组件。编码器最终输出与所有输入词相对应的向量（表示），表示为 $\boldsymbol{X}^{\mathrm{enc}}$。每个自注意力子层都有多头（head），此处省略描述。

解码器中的每个解码器组件或层都包括一个自注意力子层，一个编码器 – 解码器注意力子层和一个 FFN 子层。子层具有与编码器组件相同的架构。编码之后，编码器的输出用于表示键向量和值向量：$\boldsymbol{K} = \boldsymbol{V} = \boldsymbol{X}^{\mathrm{enc}}$，然后使用它们表示每个解码器组件中的"编码器 – 解码器

注意力"。解码器为所有输出位置 $(1,2,\cdots,N)$ 依次生成词。在每个位置 $(1 \leqslant t \leqslant N)$，底部解码器组件接收先前输出的词" $[\text{start}], y_1, \cdots, y_{t-1}$ "，掩码未来的位置，并输出下一个解码器组件的内部表示。最后，根据顶部解码器组件上的 softmax 层生成的概率分布选择位置 t 上的词，表示为 v_t。重复该过程，直到生成特殊符号（例如"[end]"）或达到最大长度为止。

5. 自编码器

自编码器是一种神经网络，旨在通过将输入压缩为潜在空间表示，然后从表示形式重构输出来学习输入的隐藏信息。在该模型中，高维数据首先转换为多层编码器神经网络的低维潜在表示。然后，通过多层解码器神经网络从潜在表示中重建数据。因此，它由两部分组成：一个编码器 $y = f(x)$ 和一个解码器 $\hat{x} = g(y)$。自编码器整体可以用函数 $g(f(x)) = \hat{x}$ 描述，其中期望 $\hat{x}$ 尽可能接近原始输入 x。

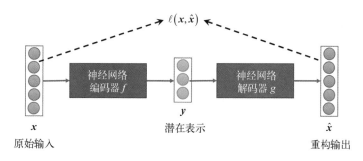

图 3-7　自编码器架构

简易自编码器[73] 图 3-7 显示了简易自编码器模型的架构。编码器和解码器可以是具有一个隐藏层的神经网络，也可以是具有多个隐藏层的深度神经网络。学习的目的是构造编码器和解码器，以使输

出 $\hat{x}$ 尽可能接近输入 $\boldsymbol{x}$，即 $g(f(x)) \approx \boldsymbol{x}$。假设给定一个训练数据集 $D = \{\boldsymbol{x}_1, \cdots, \boldsymbol{x}_N\}$，可以通过最小化平方误差损失函数来学习编码器和解码器（f 和 g）：

$$\min_{f,g} \sum_{i=1}^{N} \ell(\boldsymbol{x}_i, \hat{\boldsymbol{x}}_i) = \sum_{i=1}^{N} \left\| \boldsymbol{x}_i - g(f(\boldsymbol{x}_i)) \right\|^2$$

另一种方法是最小化重构交叉熵，其中假设 $\boldsymbol{x}$ 和 $\hat{\boldsymbol{x}}$ 是位向量或概率向量 [①]：

$$\min_{f,g} \sum_{i=1}^{N} \ell_H(\boldsymbol{x}_i, \hat{\boldsymbol{x}}_i) = -\sum_{i=1}^{N} \sum_{k=1}^{D} \left[x_i^k \log \hat{x}_i^k + (1 - x_i^k) \log(1 - \hat{x}_i^k) \right]$$

其中 D 是输入的维数，x_i^k 和 $\hat{x}_i^k$ 分别是 $\boldsymbol{x}_i$ 和 $\hat{\boldsymbol{x}}_i$ 的第 k 维。自编码器学习中的优化通常是通过随机梯度下降进行的。

通过限制潜在表示 y 的维数，自编码器被强制从"压缩"的低维表示中学习一种发现数据的最显著特征的表示。

去噪自编码器（denoising autoencoder, DAE） 为了处理损坏的数据，Pascal Vincent 等人还提出了 DAE 作为简易自编码器的扩展 [74]。假定 DAE 收到损坏的数据样本作为输入，并预测原始的未损坏数据样本作为输出。首先，损坏的输入 $\tilde{x}$ 是通过随机过程 $\tilde{x} \sim q_D(\tilde{x}|x)$ 从原始的未损坏输入 x 创建的，其中 q_D 是以未损坏数据样本为条件的损坏数据样本上的条件分布。接下来，将损坏的输入 $\tilde{x}$ 映射到一个潜在表示 $\boldsymbol{y} = f(\tilde{x})$，然后将该潜在表示映射到一个重构的输出 $\hat{x} = g(f(\tilde{x}))$，如图 3-8 所示。学习编码器和解码器的参数，从而最小化输入 $\boldsymbol{x}$ 和重构的输出 $\hat{x}$ 之间的平均重构误差（例如交叉熵误差）。

---

① 根据 ISO 80000-2：2019 "Quantities and units–Part 2：Mathematics"，$\log_a x$ 底数若无须注明，则可省略不写，直接写为 $\log x$。——编者注

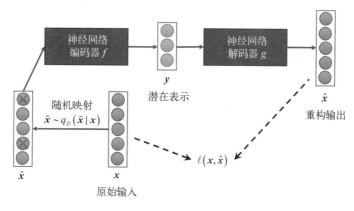

图 3-8 去噪自编码器架构

其他类型的自编码器包括稀疏自编码器[75]、变分自编码器[76]和卷积自编码器[77]。

3.1.2 表示学习

表示学习的强大能力是深度学习取得巨大成功的主要原因。本节中介绍了在匹配中成功应用的几种表示学习方法，包括学习词嵌入和词的上下文表示的方法。

1. 词嵌入

词嵌入是自然语言处理（NLP）和信息检索（IR）中表示词的一种基本方式。词嵌入通常是基于这样一个假设来创建的：词的含义可以由其在文档中的上下文确定。

Word2Vec Tomas Mikolov 等人提出了 Word2Vec 工具，并使词嵌入变得很流行。[78]Word2Vec 使用浅层神经网络以无监督方式从大型语料库中学习词嵌入。Word2Vec 中有两种特定的方法：连续词袋（CBOW）

和跳元模型（Skip Gram）。

如图 3-9 所示，CBOW 将词的上下文作为输入，并根据上下文来预测词。它旨在学习两个矩阵，$U \in R^{D \times |V|}$ 和 $W \in R^{|V| \times D}$，其中 D 是嵌入空间的大小，V 是词表，$|V|$ 是词表的大小。U 是输入词矩阵，因此 U 的第 i 列（表示为 u_i）是输入词 w_i 的 D 维嵌入向量。类似地，W 是输出词矩阵，其第 j 行表示为 w_j，是输出词 w_j 的 D 维嵌入向量。注意，每个词 w_i 具有两个嵌入向量，即输入词向量 u_i 和输出词向量 w_i。给定语料库，对 U 和 W 的学习等价于以下计算。

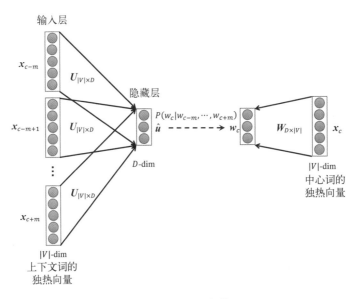

图 3-9　CBOW 架构

(1) 选择大小为 $2m+1$ 的词序列 $(w_{c-m}, \cdots, w_{c-1}, w_c, w_{c+1}, \cdots, w_{c+m})$，为 w_c 生成一个独热词向量，表示为 x_c，并为 w_c 的上下文生成一个独热词向量，表示为 $(w_{c-m}, \cdots, w_{c-1}, w_{c+1}, \cdots, w_{c+m})$。

(2) 映射到上下文的嵌入词向量：$\left(\boldsymbol{u}_{c-m}=\boldsymbol{U}\boldsymbol{x}_{c-m},\cdots,\boldsymbol{u}_{c-1}=\boldsymbol{U}\boldsymbol{x}_{c-1},\boldsymbol{u}_{c+1}=\boldsymbol{U}\boldsymbol{x}_{c+1},\boldsymbol{u}_{c+m}=\boldsymbol{U}\boldsymbol{x}_{c+m}\right)$。

(3) 获得平均上下文：$\hat{\boldsymbol{u}}=\dfrac{1}{2m}\left(\boldsymbol{u}_{c-m}+\cdots+\boldsymbol{u}_{c-1}+\boldsymbol{u}_{c+1}+\cdots+\boldsymbol{u}_{c+m}\right)$。

(4) 映射到中心词的嵌入向量：$\boldsymbol{w}_c=\boldsymbol{W}_{\boldsymbol{x}_c}$。

(5) 假设中心词是由平均上下文 $\hat{\boldsymbol{u}}$ "产生" 的。

CBOW 调整 $\boldsymbol{U}$ 和 $\boldsymbol{W}$ 中的参数，使得

$$
\begin{aligned}
\mathop{\arg\min}_{\boldsymbol{U},\boldsymbol{W}}\ell &= -\prod_c\log P\left(w_c\mid w_{c-m},\cdots,w_{c-1},w_{c+1},\cdots,w_{c+m}\right) \\
&= -\prod_c\log\frac{\exp\{\boldsymbol{w}_c^{\mathrm{T}}\hat{\boldsymbol{u}}\}}{\sum_{k=1}^{|V|}\exp\{\boldsymbol{w}_k^{\mathrm{T}}\hat{\boldsymbol{u}}\}}
\end{aligned}
$$

跳元模型的设置与 CBOW 的设置相似，只不过交换了输入和输出。如图 3-10 所示，跳元模型的输入是中心词的独热向量，而输出是上下文词的独热向量。跳元模型还要学习两个矩阵：$\boldsymbol{U}\in R^{D\times|V|}$ 和 $\boldsymbol{W}\in R^{|V|\times D}$。给定一个文本语料库，学习以下计算。

(1) 选择大小为 $2m+1$ 的词序列 $\left(w_{c-m},\cdots,w_{c-1},w_c,w_{c+1},\cdots,w_{c+m}\right)$，为 w_c 生成一个独热向量，表示为 $\boldsymbol{x}_c$，为 w_c 的上下文生成一个独热向量，表示为 $\left(w_{c-m},\cdots,w_{c-1},w_{c+1},\cdots,w_{c+m}\right)$。

(2) 映射到中心词的词嵌入向量：$\boldsymbol{u}_c=\boldsymbol{U}\boldsymbol{x}_c$。

(3) 映射到上下文词的词嵌入向量：$\left(\boldsymbol{w}_{c-m}=\boldsymbol{W}\boldsymbol{x}_{c-m},\cdots,\boldsymbol{w}_{c-1}=\boldsymbol{W}\boldsymbol{x}_{c-1},\boldsymbol{w}_{c+1}=\boldsymbol{W}\boldsymbol{x}_{c+1},\cdots,\boldsymbol{w}_{c+m}=\boldsymbol{W}\boldsymbol{x}_{c+m}\right)$。

(4) 假设上下文 $\boldsymbol{w}_{c-m},\cdots,\boldsymbol{w}_{c-1},\boldsymbol{w}_{c+1},\cdots,\boldsymbol{w}_{c+m}$ 的嵌入向量由中心词 $\boldsymbol{u}_c$ "产生"。

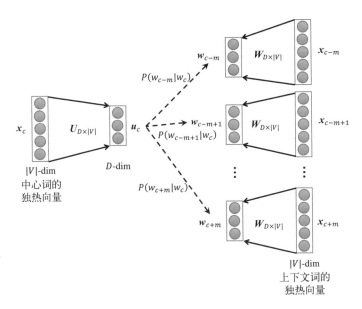

图 3-10 跳元模型架构

跳元模型调整 U 和 W 中的参数，使得：

$$\underset{U,W}{\mathrm{argmin}}\, l = -\log\prod_c \prod_{j=0; j\neq m}^{2m} P(w_{c-m+j}|w_c)$$

$$= -\log\prod_c \prod_{j=0; j\neq m}^{2m} \frac{\exp\{w_{c-m+j}^{\mathrm{T}} u_c\}}{\sum_{k=1}^{|V|}\exp\{w_k^{\mathrm{T}} u_c\}}$$

除了 Word2Vec，近年来还开发了许多词嵌入（和文档嵌入）模型，包括 GloVe（全局向量）[79]、fastText 和 doc2Vec[80]。

2. 词的上下文表示

经典的词嵌入模型（例如 Word2Vec 和 GloVe）有一个根本的缺点：它们在不同的上下文中生成并利用相同词的相同嵌入，因此不能有效地处理词的上下文相关性质。词的上下文嵌入旨在捕获不同上下文中的词汇语义。人们已经开发了许多模型，包括 ULMFiT（通用语言模型调优）、ELMo[81]、GPT[82]、GPT-2[83]、来自 Transformer 的 BERT[84]，以及 XLNet[85]。

在上述这些模型中，BERT 是使用最广泛的模型。BERT 是一种掩码语言模型（去噪自编码器），旨在从损坏的句子中重建原始句。也就是说，在预训练阶段，通过将一些原始词替换为"[MASK]"来破坏输入句。因此，学习目标是预测被掩码的词，从而得到原始句。

如图 3-11 所示，BERT 使用 Transformer 来学习文本中词之间的上下文关系。具体来说，该模型接收一对由标记"[SEP]"分隔的句子作为输入。这两个句子分别称为左上下文和右上下文。BERT 通过使用 Transformer 编码器来捕获左右上下文的语言表示。形式上，给定一个词序列 $W = \{w_1, w_2, \cdots, w_N\}$ 由左上下文中的词、标记"[SEP]"和右上下文中的词组成，BERT 首先通过将相应的词嵌入向量 v_n^T 相加来构造每个词 w_n 的输入表示 e_n（比如使用 Word2Vec），然后是分段嵌入向量 v_n^S（即表明它究竟是来自左上下文还是来自右上下文），最后是位置嵌入向量 v_n^P（即指示词在序列中的位置）。然后将输入表示形式输入到分层的 Transformer 编码器块，以获得左右上下文句子对于中心词的上下文表示。每个 Transformer 模块由一个多头自注意力层和一个前馈层组成。

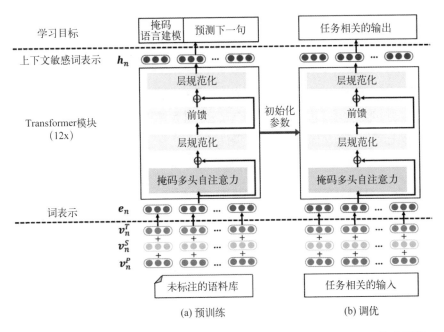

图 3-11　BERT 训练过程：(a) 预训练阶段和 Transformer 架构；(b) 调优阶段通过任务相关的训练来修改预训练的参数

　　BERT 的学习包括两个阶段：预训练和调优。在预训练中，将从大型语料库中收集的句子对用作训练数据。使用两种训练策略确定模型参数：掩码语言建模和预测下一句。在掩码语言建模中，从句子对中随机选择 15% 的词，在送入模型之前，将其替换为标记"[MASK]"。因此，训练目标是基于句子中非掩码词所提供的上下文来预测原始掩码词。在预测下一句时，模型接收实例对的句子作为输入。训练的目标是预测该句子对中的第二句是否是原始文档中第一句的下一句。大约 50% 的输入是正例，余下的输入是负例。在预训练中，通过最小化两种策略的组合损失函数，共同进行掩码语言建模和预测下一句。

对预训练的 BERT 模型进行调优是在监督学习的方式下进行的，以生成针对特定任务量身定制的词表示。下面以文本分类为例。在 BERT 模型的顶部添加分类层，以构造分类器。假设训练数据中的每个实例都由一个词序列 $x_1, \cdots, x_M$ 和标签 y 组成。该模型通过预训练的 BERT 模型提供序列，生成"[CLS]"词例的表示，并预测标签 $\hat{y}$。因此，可以在真实标签 y 和预测标签 $\hat{y}$ 上定义调优目标。

3.2 用于匹配的深度学习概述

用于匹配的深度学习，也称为"深度匹配"，已成为搜索和推荐中的先进技术[86]。与传统的机器学习方法相比，深度学习方法通过三种方式提高了匹配精度：(1) 使用深度神经网络构造更丰富的表示形式来匹配对象（即查询、文档、用户和项目）；(2) 使用深度学习算法构建更强大的匹配功能；(3) 学习表示形式和匹配功能，以端到端的方式共同提供。深度匹配方法的另一个优点是，它们可以灵活扩展到多模态匹配，借此可以学习公共语义空间，从而统一表示不同模式的数据。

人们已经开发了各种神经网络架构。本节将介绍深度匹配的通用框架、典型架构和设计原理。

3.2.1 深度匹配的通用框架

图 3-12 显示了匹配的通用框架。匹配框架以两个匹配对象作为输入，并输出一个数值来表示匹配度。该框架底部是输入层，顶部是输出层。在输入层和输出层之间，存在三个连续的层，每一层都可以实现为神经网络或神经网络的一部分：

图 3-12 通用匹配框架

输入层接受两个匹配的对象，它们可以是词嵌入向量[1]、ID 向量或特征向量。

表示层将输入向量转换为分布式表示。根据输入的类型和性质，此处可以使用不同的神经网络，例如 MLP、CNN 和 RNN[2]。

交互层比较匹配的对象（即两个分布式表示），并输出多个（本地或全局）匹配信号。矩阵和张量可用于存储信号及其位置。

聚合层将各个匹配信号聚合为高级匹配向量。该层通常采用深度神经网络中的操作，例如汇聚和连接。

输出层采用高级匹配向量并输出匹配分数。可以使用线性模型、MLP、神经张量网络（NTN）或其他神经网络[3]。

该框架总结了迄今为止为搜索中的查询文档匹配和推荐中的用户项目匹配开发的神经网络架构。

---

① 图 3-12 中未列出。——译者注
② 图 3-12 中的 LSTM 是 RNN 的一种。——译者注
③ 图 3-12 中只展示了 MLP 这一类。——译者注

3.2.2 深度匹配的典型架构

图 3-13 显示了搜索[87] 和推荐[17] 中深度匹配的典型架构。在该架构中，输入 X 和 Y 是搜索中的两个文本，或推荐中的两个特征向量。先使用两个神经网络分别处理这两个输入，以创建它们的表示形式。然后，该架构计算这两个表示之间的交互并输出匹配信号。最后，将匹配信号进行汇总，以形成最终匹配分数。该架构的一个特殊情况是让这两个表示的神经网络相同，并且共享它们的参数[87,88]。简化使得网络架构更容易训练并且更稳健，而当 X 和 Y 均为文本时，这是可能的。

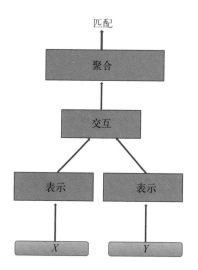

图 3-13　用于深度匹配的神经网络的典型架构

图 3-14 显示了广泛用于搜索的深度匹配的神经网络架构[89,90]。它以两个文本 X 和 Y 作为输入，文本中的每个词都由其嵌入向量表示。该架构首先计算两个文本之间的**词汇交互**。词汇交互的结果存储在矩阵或张量中，以保留结果及其位置。然后，将词汇级别的交互汇总到最终匹

配分数中。与第一种架构相比，该架构具有两个显著的特征：(1) 在词汇级别而不是在语义级别进行交互，这通常是搜索所必需的；(2) 在下一步中存储和利用每个交互的位置。

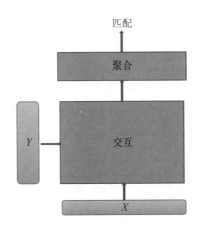

图 3-14　用于搜索（查询 - 文档匹配）的神经网络架构

图 3-15 显示了广泛用于推荐的深度匹配的神经网络架构[22,91]。输入匹配对象是具有其特征向量的用户（查询）和项目（文档）。输入向量可以组合（连接）。然后，用神经网络处理组合的输入向量，以创建它们的分布式表示（嵌入）。接下来，架构计算用户与项目之间的交互，例如使用线性回归的一阶交互，使用因子分解机的二阶交互，以及使用 MLP 或 CNN 进行的高阶交互。最后，将这些交互进行汇总以获得最终匹配分数。请注意，尽管它最初是在推荐系统文献中设计的，但是混合结构在搜索中也很流行。例如，Bhaskar Mitra 等人的搜索模型[92]采用相似的架构进行查询 - 文档的匹配。

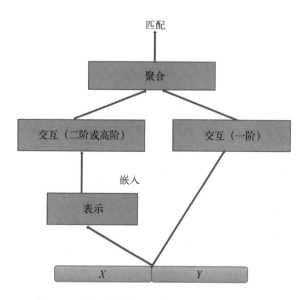

图 3-15 用于推荐的深度匹配的神经网络架构

3.2.3 深度匹配的设计原理

我们为搜索和推荐中的深度匹配模型开发提出了两个设计原理：模块化原理和混合原理。

模块化原理假定匹配模型通常由多个模块（功能）组成，因此开发此类模型也应采用模块化方法。例如，表示模块可以用 CNN、RNN 或 MLP 实现，交互模块可以是矩阵或张量，聚合模块可以是汇聚或连接运算符。模块的不同组合会导致不同的匹配模型。

混合原理断言，二分技术的组合有助于匹配模型的开发。例如，推荐中的用户－项目匹配中，一阶、二阶和高阶交互都有助于确定最终匹配度。搜索中的查询－文档匹配中，查询和文档既可以用词袋表示，也可以用词嵌入序列来表示。此外，在搜索和推荐中，可以使用深度和宽广的神经网络或非线性和线性模型的搭配来组合对象之间的表示和交互。

接下来的两章将分别详细介绍用于搜索和推荐的神经网络架构。

第 4 章

搜索中的深度匹配模型

搜索中查询－文档匹配的深度学习方法主要分为两类——表示学习和匹配函数学习，其架构分别在第 3 章的图 3-13 和图 3-14 中描述过。在这两类方法中，神经网络被用来表示查询和文档，进行查询和文档之间的交互，以及聚合匹配信号。不同的技术组合产生了不同的深度匹配模型。表 4-1 总结了搜索中的深度匹配模型。第一栏"类型"将这些模型分为"基于表示学习的匹配""基于匹配函数学习的匹配"以及"组合式"模型。第二栏"输入表示"根据初始表示中如何使用词序信息进一步对模型进行分类。例如，"三元字母袋"和"词袋"意味着不考虑查询和 / 或文档中的词顺序，"词序列"意味着这些模型利用了词的顺序信息。第三栏"网络架构"描述了模型中采用的神经网络（或转换函数）的类型。请注意，为了便于解释，我们使用了"表示学习"和"匹配函数学习"这两个术语。匹配函数学习方法也学习和利用词（和句子）的表示。

表 4-1 搜索中的查询－文档匹配的深度学习方法

类型	输入表示	网络架构	匹配模型
基于表示学习的匹配	三元字母袋	MLP	DSSM[87]
	词袋	线性	NVSM
	词序列	MLP	SNRM[94]
		CNN	CLSM[88]、ARC-I[89]、CNTN[95]、MACM[96]、NRM-F[97]、Multi-GranCNN[98]
		RNN	LSTM-RNN[99]、MV-LSTM[100]
		RNN+ 注意力机制	MASH RNN[101]、CSRAN[102]
	跨模态	CNN	Deep CCA[103,104]、ACMR[105]、m-CNNs[106]
		RNN+CNN	BRNN[107]
		注意力机制	RCM[108]
基于匹配函数学习的匹配	词袋	MLP	DRMM[109]
		RBF 核	K-NRM[110]
		注意力机制	Decomposable Attention Model[111]、aNMM[112]
	词序列	CNN	ARC-II[89]、MatchPyramid[90]、DeepRank[113]、PACRR[114]、Co-PACRR[115]
		RNN	ESIM[116]、BiMPM[117]
		空间 RNN	Match-SRNN[118]、HiNT[119]
		注意力机制	BERT4Match[120]、MIX[121]、RE2[122]、ABCNN[123]、MCAN[124]、HCRN[125]、MwAN[126]、DIIN[127]、HAR[128]
		RBF 核	Conv-KNRM[129]
组合式	词序列	CNN+MLP	Duet[92]

在本章的其余部分，4.1 节介绍了基于表示学习的代表性匹配模型，4.2 节介绍了基于匹配函数学习的模型。实验结果也会在每一节中显示。

4.1 基于表示学习的匹配模型

4.1.1 总体框架

表示学习方法假定查询和文档可以用低维和密集的向量来表示。有两个关键问题：(1) 使用什么样的神经网络来创建查询和文档的表示；(2) 使用什么样的函数来计算基于表示的最终匹配分数。

假设有两个空间：查询空间和文档空间。查询空间包含所有的查询，文档空间包含所有的文档。查询空间和文档空间可能是异质的，因此查询和文档在不同空间的相似性可能很难计算出来。此外，假设有一个新的空间，查询和文档都可以被映射到其中，并且在这个新的空间中也定义了一个相似性函数。在搜索中，相似性函数可以用来表示查询和文档之间的匹配度。换句话说，查询和文档之间的匹配在映射后的新空间中进行。图 4-1 显示了基于表示学习的查询－文档匹配的框架。

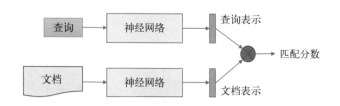

图 4-1　基于表示学习的查询－文档匹配的框架

形式上，给定查询空间 $q \in \mathcal{Q}$ 中的查询 q 和文档空间 $d \in \mathcal{D}$ 中的文档 d，函数 $\phi_q : \mathcal{Q} \mapsto \mathcal{H}$ 和 $\phi_d : \mathcal{D} \mapsto \mathcal{H}$ 分别代表从查询空间到新空间 $\mathcal{H}$ 的映射以及从文档空间到新空间 $\mathcal{H}$ 的映射。q 和 d 之间的匹配函数定义为

$$f(q,d) = F\big(\phi_q(q), \phi_d(d)\big)$$

其中 F 是定义在新空间 $\mathcal{H}$ 中的相似性函数。

可以利用不同的神经网络来表示查询和文档，以及计算给定的表示匹配分数，从而形成不同的匹配模型。大多数匹配模型（如 DSSM）对查询和文档使用相同的网络架构，即 $\phi_q = \phi_d$。它们可以被泛化，使其对查询和文档分别具有不同的网络架构。

4.1.2 FNN表示

FNN 是第一个用于创建查询和文档的语义表示的网络架构。例如，Po-Sen Huang 等人 [87] 提出用深度神经网络来表示查询和文档，使用的模型称为深度结构化语义模型（deep structured semantic model, DSSM）。图 4-2 显示了 DSSM 的架构。

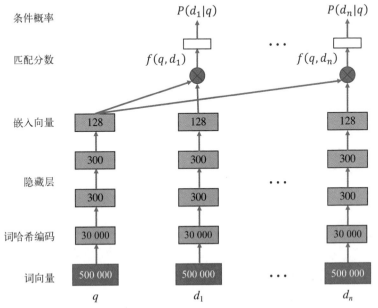

图 4-2 深度结构化语义模型（DSSM）

DSSM 先将查询 q 及其相关文档 $d(d_1, d_2, \cdots, d_n)$ 表示为词向量，并将这些向量作为输入。网络搜索中的词汇量非常大，为了克服由此带来的困难，DSSM 将词向量映射为 n 元字母向量。例如，词 "good" 被映射成三元字母（"#go" "goo" "ood" "od#"），其中 "#" 是表示开始和结束的标记。通过这种方式，输入向量的维度可以从 500 000 减至 30 000，因为英语中 n 元字母的数量有限。然后，它通过深度神经网络将 n 元字母向量映射为较低维度的输出向量：

$$y_q = \text{DNN}(q)$$
$$y_d = \text{DNN}(d)$$

其中 $\text{DNN}(\cdot)$ 是 DSSM 中使用的深度神经网络，y_q 和 y_d 是输出向量，分别代表查询 q 和文档 d 中的隐藏主题。

接下来，DSSM 将查询的输出向量（表示为 y_q）与文档的输出向量（表示为 y_d）之间的余弦相似性作为匹配分数：

$$f(q, d) = \cos(y_q, y_d)$$

DSSM 通过最大似然估计（maximum likelihood estimation, MLE）法在查询、相关文档和是否点击的基础上学习模型参数。具体来说，给定查询 q 和文档列表 $\mathcal{D} = \{d^+, d_1^-, \cdots, d_k^-\}$，其中 d^+ 是一个被点击的文档，$\{d_1^-, \cdots, d_k^-\}$ 是未被点击的（已显示但被跳过的）文档。学习的目标相当于最大化查询 q 的条件概率 d^+：

$$P(d^+ \mid q) = \frac{\exp\left(\lambda f(q, d^+)\right)}{\sum_{d' \in \mathcal{D}} \exp \lambda f(q, d')}$$

其中 $\lambda > 0$ 是一个参数。

4.1.3 CNN 表示

虽然在网络搜索方面很成功，但研究人员发现 DSSM 有两个缺点。首先，深度神经网络包含了太多的参数，这使得模型难以训练。其次，DSSM 将查询（或文档）视为词袋，而不是词的序列。因此，DSSM 在处理词与词之间的局部上下文信息方面并不有效。这两个缺点可以用 CNN 顺利解决。首先，CNN 参数数量比 DNN 少，因为它的参数在不同的输入位置是共享的（移位不变性），如第 3 章的图 3-3 所示。其次，CNN 中的卷积和最大汇聚的基本操作可以保持局部的上下文信息。因此，CNN 是一个非常有效的架构，可以代表搜索中的查询和文档。

1. CLSM

Yelong Shen 等人[88]提出使用一种称为卷积潜在语义模型（convolutional latent semantic model, CLSM）的 CNN 来捕捉局部上下文信息，以进行潜在语义建模。如图 4-3 所示，CLSM 对 DSSM 进行了如下修改，以表示查询和文档。

- ❑ 输入的句子（查询或文档）表示为基于 n 元词的三元字母向量，它是 n 元词中每个词的三元字母向量的连接。
- ❑ 卷积运算被用来模拟 n 元词的上下文特征。n 元词的上下文特征如果在语义上相似，则被投射到相互接近的向量上。
- ❑ 最大汇聚操作用来捕捉句子层面的语义特征。

CLSM 将查询和文档的表现向量之间的余弦相似性作为最终的匹配分数。

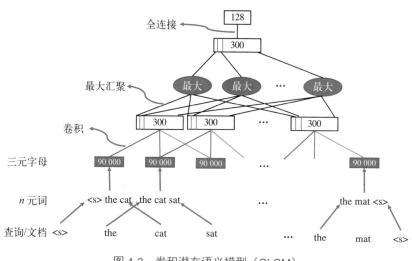

图 4-3　卷积潜在语义模型（CLSM）

与 DSSM 类似，CLSM 的模型参数的学习是为了在训练数据中给定查询的情况下最大化点击文档的可能性。计算给定查询 q 的文档 d^+ 的条件概率的方法与 DSSM 的方法相同。

2. ARC-I

Baotian Hu 等人[89] 提议使用卷积神经网络架构来匹配两个句子。该模型称为卷积匹配模型 I（ARC-I），首先用卷积神经网络找到每个句子的表示，然后用 MLP 对两个句子的表示进行比较。

ARC-I 模型将词的嵌入序列（事先用 Word2Vec[78] 训练的词嵌入）作为输入。输入通过卷积层和汇聚层汇总到最后一层的固定长度的表示。为了解决不同句子长度不同的问题，ARC-I 将句子最后一个词之后的元素归零，直到达到句子最大长度。

形式上，给定查询 q 和文档 d，ARC-I 将它们各自表示为词嵌入序列。通过这种方式，词序信息被保留下来。然后，它用一个一维 CNN 将词嵌入序列映射成低维的输出向量：

$$y_q = \text{CNN}(q)$$
$$y_d = \text{CNN}(d)$$

其中，$\text{CNN}(\cdot)$ 是一维 CNN，y_q 和 y_d 分别是 q 和 d 的输出向量。

为了计算匹配分数，ARC-I 利用了一个 MLP：

$$f(q,d) = W_2 \cdot \sigma\left(W_1 \begin{bmatrix} y_q \\ y_d \end{bmatrix} + b_1\right) + b_2$$

其中，W_1、b_1、W_2 和 b_2 是参数，$\sigma(\cdot)$ 是 sigmoid 函数。

图 4-4 用一个两层 CNN 的例子来说明 ARC-I 的架构。给定一个输入句，其中每个词首先用词嵌入表示。然后，卷积层产生上下文表示，在三个词的窗口内提供各种词的组合，并具有不同的置信度（灰色表示低置信度）。然后，汇聚层针对每种词的组合类型，在两个相邻的上下文表示之间进行选择。神经网络的输出（句子的表示）是汇聚结果的连接。

在 ARC-I 的模型参数学习中，使用了大间隔标准的判别训练。给定查询 q，训练数据中的相关查询 - 文档对 (q,d) 应该比相关文档被随机替换的查询 - 文档对，即 (q,d')，获得更高的分数。因此，ARC-I 模型最小化了以下目标：

$$\mathcal{L} = \sum_{(q,d)\in\mathcal{C}}\sum_{(q,d')\in\mathcal{C}'} \left[1 - f(q,d) + f(q,d')\right]_+$$

其中 $\mathcal{C}$ 和 $\mathcal{C}'$ 分别是相关查询 - 文档对和不相关查询 - 文档对的集合。

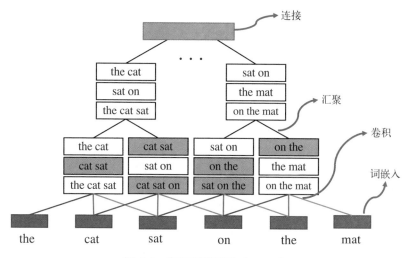

图 4-4 卷积匹配模型（ARC-I）

3. CNTN

神经张量网络（neural tensor network, NTN）最初是为了明确地模拟关系数据的多种交互作用而提出的[130]。NTN 具有强大的表示能力，可以表示多种相似性函数，包括余弦相似性、点积、双线性积等。为了对查询和文档之间的复杂交互关系进行建模，Xipeng Qiu 和 Xuanjing Huang[95] 提出用 NTN 中的张量层计算查询和文档之间的相似性。

与 ARC-I 类似，给定查询 q 和文档 d，CNTN 首先将它们各自表示为词嵌入序列。然后用一个一维 CNN 处理每个序列，得到低维表示：

$$\boldsymbol{y}_q = \mathrm{CNN}(q)$$
$$\boldsymbol{y}_d = \mathrm{CNN}(d)$$

如图 4-5 所示，在 CNTN 中，查询和文档的表示被送入 NTN 以计算匹配分数：

$$f(q,d) = \boldsymbol{u}^{\mathrm{T}} \sigma \left(\boldsymbol{y}_q^{\mathrm{T}} \boldsymbol{M}^{[1:r]} \boldsymbol{y}_d + V \begin{bmatrix} \boldsymbol{y}_q \\ \boldsymbol{y}_d \end{bmatrix} + \boldsymbol{b} \right)$$

其中 σ 是逐元素的 S 型函数，$\boldsymbol{M}^{[1:r]}$ 是一个有 r 个片段的张量，V、$\boldsymbol{u}$ 和 $\boldsymbol{b}$ 是参数。双线性张量积 $\boldsymbol{y}_q^{\mathrm{T}} \boldsymbol{M}^{[1:r]} \boldsymbol{y}_d$ 返回一个 r 维的向量。CNTN 的一个优点是可以联合建立表示和交互的模型。句子的表示用卷积层建模，句子之间的相互作用则用张量层建模。

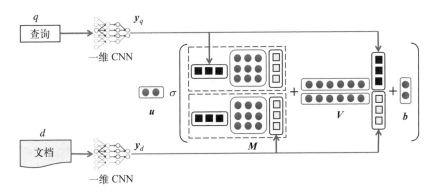

图 4-5　卷积神经张量网络

与 ARC-I 类似，CNTN 模型参数的学习也依赖于具有大间隔标准的判别训练。给定相关查询 – 文档对 $\mathcal{C}$ 和不相关查询 – 文档对 $\mathcal{C}'$，学习相当于最小化：

$$\mathcal{L} = \sum_{(q,d) \in \mathcal{C}} \sum_{(q,d') \in \mathcal{C}'} \left[\gamma - f(q,d) + f(q,d') \right]_+ + \lambda \|\Theta\|^2$$

其中 Θ 包括词嵌入、CNN 和 NTN 中的参数。$\gamma > 0$ 和 $\lambda > 0$ 分别是间隔超参数和正则化超参数。

4.1.4 RNN 表示

鉴于查询和文档都是文本，自然要应用 RNN 来表示查询和文档[99]。其主要思想是通过依次处理文本中的每个词，找到查询（或文档）的密集和低维度的语义表示。如图 4-6 所示，RNN 依次处理输入文本中的每个词，最后一个词的语义表示成为整个文本的语义表示。

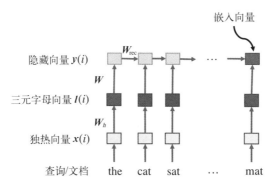

图 4-6　应用于查询 / 文档表示的 RNN

梯度消失问题导致难以在序列内部学习长期依赖性，为了解决这个问题，LSTM-RNN 利用 LSTM 代替了原来的 RNN。在扫描输入文本的过程中，LSTM 的门将长期依赖关系存储到单元中。具体来说，LSTM-RNN 的前向传递被定义为

$$u(t) = \tanh\left(W_4 l(t) + W_{\text{rec}4} y(t-1) + b_4\right)$$

$$i(t) = \sigma\left(W_3 l(t) + W_{\text{rec}3} y(t-1) + W_{p3} c(t-1) + b_3\right)$$

$$f(t) = \sigma\left(W_2 l(t) + W_{\text{rec}2} y(t-1) + W_{p2} c(t-1) + b_2\right)$$

$$c(t) = f(t) \odot c(t-1) + i(t) \odot u(t)$$

$$o(t) = \sigma\left(W_1 l(t) + W_{\text{rec}1} y(t-1) + W_{p1} c(t) + b_1\right)$$

$$y(t) = o(t) \odot \tanh\left(c(t)\right)$$

其中 $i(t)$、$f(t)$、$o(t)$ 和 $c(t)$ 分别为输入门、遗忘门、输出门和细胞状态。$\odot$ 表示 Hadamard 积（对应元素相乘）。矩阵 W 和向量 b 是模型参数。向量 $y(t)$ 是直到第 t 个词的表示。最后一个词的表示 $y(m)$ 被用作整个文本的表示。

给定查询 q 和文档 d，LSTM-RNN 首先创建它们的表示向量 $y_q(|q|)$ 和 $y_d(|d|)$，其中 $|\cdot|$ 表示输入的长度。匹配得分被定义为两个向量之间的余弦相似性：

$$f(q,d) = \cos\left(y_q\left(|q|\right), y_d\left(|d|\right)\right)$$

与 DSSM 和 CLSM 类似，LSTM-RNN 也是通过 MLE 在查询、相关文档和点击的（正例）文档的基础上学习模型参数。给定查询 q 和相关文档 $\mathcal{D} = \left\{d^+, \ d_1^-, \cdots, d_k^-\right\}$，其中 d^+ 是被点击的文档，$\left\{d_1^-, \cdots, d_k^-\right\}$ 是未被点击的文档。鉴于查询 q，文档 d^+ 的条件概率为

$$P\left(d^+ \mid q\right) = \frac{\exp\left(\gamma f\left(q, d^+\right)\right)}{\exp\left(\gamma f\left(q, d^+\right)\right) + \sum_{d^- \in \mathcal{D} \setminus \{d^+\}} \exp\gamma f\left(q, d^-\right)}$$

其中 $\gamma > 0$ 是一个参数。

4.1.5 无监督方法和弱监督方法下的表示学习

无监督方法和弱监督方法被用于学习查询和文档的表示。

1. NVSM

传统方法中，词和文档的低维表示可以通过主题模型和词 / 文档嵌入方法来学习。Christophe Van Gysel 等人[93]提出了神经向量空间模型

（neural vector space model, NVSM），它使用投影法学习语料库中词和文档的低维表示。

该模型架构如图 4-7 所示。给定一个大型语料库 $\mathcal{D}$，其中 $|\mathcal{D}|$ 是文档数量，$\mathcal{V}$ 是包含文档中所有词汇的词汇表。目标是学习文档的表示 $\mathcal{R}_D \in \mathfrak{R}^{|\mathcal{D}| \times k_d}$ 和词的表示 $\mathcal{R}_V \in \mathfrak{R}^{|\mathcal{V}| \times k_v}$。注意，文档表示有 k_d 维度，词表示有 k_v 维度。NVSM 首先取样一个 n 元词 $B = (w_1, \cdots, w_n)$ 作为一个短语。然后，它将这个 n 元词短语投射到文档空间中：

$$\vec{h}(B) = \vec{h}(w_1, \cdots, w_n) = (f \circ \mathrm{norm} \circ g)(w_1, \cdots, w_n)$$

其中 $g(w_1, \cdots, w_n) = \dfrac{1}{n} \sum_{i=1}^{n} \vec{R}_V^{w_i}$ 是短语中词表示的平均值，norm 是 ℓ_2 范数，以及

$$f(\vec{x}) = W\vec{x}$$

其中 W 是转换矩阵。学习目标是使预测的短语表示和文档表示之间的相似性最大化：

$$\max_{R_D, R_V, W} \prod_{d \in D} \prod_{B : B \sim d} \sigma \left(\left\langle \vec{R}_D^d, \vec{h}(B) \right\rangle \right)$$

其中 $B \sim d$ 表示短语 B 是从文档 d 中取样的。

在线匹配中，给定查询 q 和文档 d，NVSM 将查询投射到文档空间，类似于 n 元词短语的情况。匹配分数被计算为文档表示和预测查询表示之间的余弦相似性：

$$f(q, d) = \cos \left(\vec{h}(q), \vec{R}_D^d \right)$$

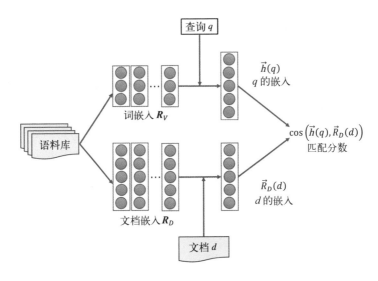

图 4-7 神经向量空间模型（NVSM）

2. SNRM

最近，信息检索研究人员提出使用弱监督方法来训练神经匹配和排序模型 [131]，其中标签可以自动获取，无须人工注释或利用其他资源（例如点击数据）。Hamed Zamani等人 [94] 提出了独立神经排序模型（standalone neural ranking model, SNRM），将稀疏性引入学习到的查询和文档的潜在表示中，并基于这些表示构建整个集合的倒排索引。如图 4-8 所示，SNRM 网络将查询和文档都视为词序列。在经过一个嵌入层后，词序列就变成词向量序列。然后，将该序列分解为 n 元词的集合，由具有稀疏性约束的全连通层进行处理，生成一组 n 元词的高维稀疏表示。最后，使用一个平均汇聚层来聚合 n 元词表示，并生成最终的序列表示。

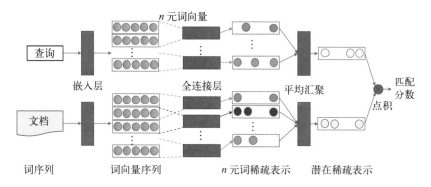

图 4-8 独立神经排序模型（SNRM）

更具体地说，一个文档 d 的表述被定义为

$$y_d = \frac{1}{|d|-n+1} \sum_{i=1}^{|d|-n+1} \phi_{ngram}\left(w_i, w_{i+1}, \cdots, w_{i+n-1}\right)$$

其中 $w_1, w_2, \cdots, w_{|d|}$ 表示 d 中的词序列，ϕ_{ngram} 表示 n 元词 $w_i, w_{i+1}, \cdots, w_{i+n-1}$ 的高维稀疏表示。也就是说，ϕ 首先将 n 元词转换为 n 元词向量，然后使用多个前馈层来生成 n 元词的表示。同样，查询 q 的表示被定义为

$$y_q = \frac{1}{|q|-n+1} \sum_{i=1}^{|q|-n+1} \phi_{ngram}\left(q_i, q_{i+1}, \cdots, q_{i+n-1}\right)$$

其中 $q_1, q_2, \cdots, q_{|d|}$ 表示 q 中的词序列，ϕ_{ngram} 表示 n 元词 $q_i, q_{i+1}, \cdots, q_{i+n-1}$ 的高维稀疏表示。最终的匹配分数被定义为上述两个表示的点积：

$$f(q,d) = \left\langle y_q, y_d \right\rangle$$

SNRM 的模型参数是用传统的信息检索模型在弱监督方法下训练的。给定一个查询 q 和一对文档 d_1 和 d_2，偏好标签 $z \in \{-1, 1\}$ 表示哪个

文档与查询更相关。在弱监督方法下，z 是由查询似然性的传统信息检索模型定义的：

$$z = \text{sign}\left(p_{\text{QL}}(q,d_1) - p_{\text{QL}}(q,d_2)\right)$$

其中 p_{QL} 表示具有 Dirichlet 先验分布的查询概率，sign 提取的是一个实数的符号。因此，给定一个训练实例（q,d_1,d_2,z），SNRM 通过最小化以下损失函数来训练其参数：

$$\min \mathcal{L}(q,d_1,d_2,z) + \lambda \mathcal{L}_1\left(\left[\boldsymbol{y}_q, \boldsymbol{y}_{d_1}, \boldsymbol{y}_{d_2}\right]\right)$$

其中 $\mathcal{L}(q,d_1,d_2,z) = \max\left\{0, \epsilon - z\left[f(q,d_1) - f(q,d_2)\right]\right\}$ 是带有间隔的实例对合页损失，$\mathcal{L}_1$ 是 $\boldsymbol{y}_q$、$\boldsymbol{y}_{d_1}$ 和 $\boldsymbol{y}_{d_2}$ 表示的连接的 ℓ_1 正则化，超参数 $\lambda > 0$ 控制所学表示的稀疏性。

4.1.6 表示多模态的查询和文档

在跨模态搜索中，用户在多种模态下进行搜索（例如，查询是文本，文档是图像）。如果查询和文档是以不同模态表示的，那么它们之间就存在巨大差异。因此，关键是要为查询和文档创建共同的（模式无关的）表示。深度学习确实可以满足这一需求，人们也为此提出了一些模型。

1. 深度 CCA

多模态匹配的一个流行方法是学习一个潜在嵌入空间，其中多媒体对象（如图像和文本）通过统一方式来表示。典型相关分析（canonical correlation analysis, CCA）[132] 就是这样一种方法，它可以找到线性投影，使两个原始空间对象的投影向量相关性最大化。

为了增强表示能力，Galen Andrew 等人[103]以及 Fei Yan 和 Krystian Mikolajczyk[104]提出将 CCA 扩展到深度学习框架中。深度 CCA 直接学习非线性映射来完成图像–文本匹配的任务。具体来说，它将两个空间（如文本查询和图像文档）中的对象通过多个堆叠的非线性变换层来计算它们的表示，如图 4-9 所示。

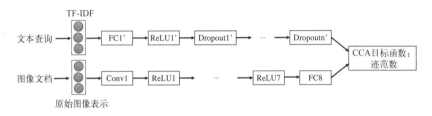

图 4-9 深度 CCA 架构（由文本和图像的两个深度神经网络组成）

深度 CCA 将文本（如查询 q）表示为词向量。该向量的每个元素都是相应词的 TF-IDF 值。该向量被输入文本网络中，文本网络包含 n 个堆叠的全连接层、ReLU 层和 dropout 层。深度 CCA 将图像（如图像文档 d）表示为原始图像向量。该向量被输入图像网络中，图像网络由 m 个堆叠的卷积层和 ReLU 层，以及最后一个全连接层组成。

学习的目标是共同估计文本网络和图像网络中的参数，使两类数据的深度非线性映射具有最大的相关性。假设 (Q, D) 表示一个文本查询向量和一个相关的图像文档向量。此外，假设 Θ_1 和 Θ_2 分别是文本网络和图像网络的参数。因此，深度 CCA 相当于最大化以下目标函数：

$$\max_{\Theta_1, \Theta_2} \mathrm{corr}\left(\mathrm{TextNN}\left(Q; \Theta_1\right), \mathrm{ImageNN}\left(D; \Theta_2\right)\right)$$

其中 corr 是两个向量的相关性，TextNN 和 ImageNN 分别是文本网络和图像网络。

2. ACMR

如 Bokun Wang 等人 [105] 所示，对抗性学习可以用来构建一个共同的空间，在这个空间中，可以表示和比较不同模态的项。该方法称为对抗跨模态检索（adversarial cross modal retrieval, ACMR），它设计了一个"极小化极大"（minimax）游戏，游戏双方分别是一个特征投影器和一个模态分类器。特征投影器负责为共同空间中不同模态的项生成模态不变的表示，目标是骗过作为对手的模态分类器。模态分类器负责将项与它们的模态区分开来。通过引入模态分类器，可以更有效地进行特征投影器的学习，即获得模态不变性。图 4-10 显示了 ACMR 的流程图。

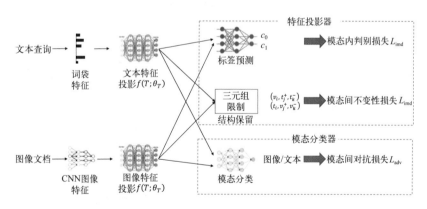

图 4-10　ACMR 流程图（模态分类器试图为项生成模态不变的表示。特征投影器可以通过生成模态不变性和判别表示来拒绝模态分类器）

具体来说，ACMR 的文本分支将词袋特征作为输入。一个深度神经网络，表示为 $f_T(\cdot;\theta_T)$，用于文本特征投影。ACMR 的图像分支将

CNN 图像特征作为输入。一个深度神经网络，表示为 $f_V(\cdot;\theta_V)$，用于图像特征投影。θ_T 和 θ_V 分别是这两个深度神经网络的参数。

给定一组 N 个训练三元组 $\mathcal{D} = \left\{ (v_i, t_i, y_i) \right\}_{i=1}^{N}$，其中 v_i 是一个图像特征向量，t_i 是一个文本特征向量，y_i 是 v_i 和 t_i 的类别，ACMR 定义其模态分类器和特征投影器如下。

模式分类器 D 是一个具有参数 θ_D 的 FNN，用于预测给定实例（图像或文本）的模式概率。图像的投影特征被赋值为独热向量 [0,1]，而文本的投影特征被赋值为独热向量 [1,0]。模态分类器充当对手的角色。它设法使对抗损失最小化：

$$L_{\text{adv}}(\Theta_D) = -\frac{1}{N} \sum_{i=1}^{N} \left(\boldsymbol{m}_i \cdot \log D\left(f_V(v_i);\theta_D\right) + \log\left(\boldsymbol{1} - D\left(f_T(t_i);\theta_D\right)\right) \right)$$

其中 $\boldsymbol{m}_i$ 是第 i 个实例的模态标签，用独热向量表示。

特征投影器对文本和图像进行模态不变的嵌入，由两部分组成：标签预测和结构保留。标签预测使损失函数 L_{imd} 最小化，以确保相同类别的特征表示足够接近。结构保留使损失函数 L_{imi} 最小化，以确保相同类别的特征表示在不同的模式中足够接近，而不同类别的特征表示在同一个模式中足够分散。总体生成损失表示为 L_{emb}，是标签预测损失 L_{imd}、结构保留损失 L_{imi} 和正则化项 L_{reg} 的组合：

$$L_{\text{emb}}(\theta_V, \theta_T, \theta_{\text{imd}}) = \alpha \cdot L_{\text{imd}} + \beta \cdot L_{\text{imi}} + L_{\text{reg}}$$

其中 $\alpha > 0$ 和 $\beta > 0$ 是权衡系数。

最后，ACMR 模型的学习是通过联合最小化对抗损失和生成损失来进行的，就像"极小化极大"游戏。

$$\left(\hat{\theta}_V, \hat{\theta}_T, \hat{\theta}_{\mathrm{imd}}\right) = \underset{\theta_V, \theta_T, \theta_{\mathrm{imd}}}{\mathrm{argmin}}\left(L_{\mathrm{emb}}\left(\theta_V, \theta_T, \theta_{\mathrm{imd}}\right) - L_{\mathrm{adv}}\left(\hat{\theta}_D\right)\right)$$

$$\hat{\theta}_D = \underset{\theta_D}{\mathrm{argmax}}\left(L_{\mathrm{emb}}\left(\hat{\theta}_V, \hat{\theta}_T, \hat{\theta}_{\mathrm{imd}}\right) - L_{\mathrm{adv}}\left(\theta_D\right)\right)$$

4.1.7 实验结果

接下来展示用表示学习的方法进行相关性搜索的实验结果。表示学习的实验结果参见 Wenpeng Yin 和 Hinrich Schütze[98]，以及 Liang Pang 等人[133] 的文章。实验中采用准确率和 F1 分数作为评价指标。表 4-2 中的结果表明，基于表示的学习方法在 F1 分数方面的性能优于 TF-IDF 的基线。

表 4-2　数据集上的表示学习方法性能对比

	准确率	F1分数
TF-IDF（基线）	0.703 1	0.776 2
DSSM	0.700 9	0.809 6
CLSM	0.698 0	0.804 2
ARC-I	0.696 0	0.802 7

表 4-3 中列出了多模态搜索的实验结果。实验中使用平均精度（mean average precision, MAP）作为评价指标。结果表明，ACMR 的多模态匹配方法性能可以明显优于基线，特别是在使用深度特征时。

表 4-3　多模态匹配方法在数据集上的性能对比（使用 MAP）

	图像到文本	文本到图像	平均值
CCA（浅特征）	0.255	0.185	0.220
CCA（深特征）	0.267	0.222	0.245
ACMR（浅特征）	0.366	0.277	0.322
ACMR（深特征）	0.619	0.489	0.546

4.2 基于匹配函数学习的查询－文档匹配模型

4.2.1 总体框架

查询和文档之间的匹配度可以通过汇总查询和文档之间的局部和整体匹配信号来确定。匹配信号及其位置可以从输入的查询和文档表示中获取。

研究人员提出使用深度神经网络来自动学习查询和文档之间的匹配模式，这里称为匹配函数学习。这种方法有两个关键问题：(1) 如何表示和计算匹配信号；(2) 如何汇总匹配信号以计算最终的匹配分数。

图 4-11 中显示了基于匹配函数学习的查询－文档匹配模型的总体框架。在该框架中，查询和文档被相互比较以产生匹配信号，而匹配信号被汇总以输出匹配分数。以上这些都发生在单一神经网络中。

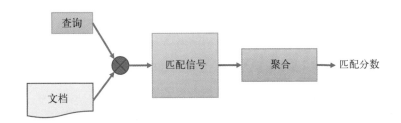

图 4-11 基于匹配函数学习的查询－文档匹配模型

一种方法是首先让查询和文档基于它们的原始表示进行交互，产生一些局部匹配信号，然后将局部匹配信号汇总，输出最终的匹配分数。另一种方法是用一个通常使用注意力机制的单一神经网络来创建查询和文档的表示，以及它们在局部和全局层面的互动。

4.2.2 用匹配矩阵学习匹配函数

匹配矩阵被用来存储词级匹配信号和它们的位置。匹配矩阵的列和行分别对应在查询和文档中的词。矩阵的每个项表示匹配的位置，每个项的值代表匹配的程度。匹配矩阵是作为整体输入一个神经网络的。

采用匹配矩阵学习的优势如下：

(1) 匹配矩阵从其所表达的局部匹配信息（程度和位置）方面讲是准确的；

(2) 匹配矩阵从其局部匹配信息易被可视化和解释方面讲是有直觉意义的。

1. ARC-II

卷积匹配模型（ARC-II）[89] 直接建立在查询和文档之间的互动上。背后的想法是，先让查询和文档与它们的原始表示相互作用，然后从相互作用中捕捉匹配信号。

如图 4-12 所示，在第一层，ARC-II 在查询和文档上设置了一个滑动窗口，并使用一维卷积对窗口内每个位置的交互进行建模。对于查询 q 的 i 段和文档 d 的 j 段，ARC-II 构建了交互表示：

$$\boldsymbol{z}_{i,j}^{0} = \left[\boldsymbol{q}_{i:i+k_1-1}^{\mathrm{T}}, \boldsymbol{d}_{j:j+k_1-1}^{\mathrm{T}} \right]^{\mathrm{T}}$$

其中 k_1 是滑动窗口的宽度，$\boldsymbol{q}_{i:i+k_1-1}^{\mathrm{T}} = \left[\boldsymbol{q}_i^{\mathrm{T}}, \boldsymbol{q}_{i+1}^{\mathrm{T}}, \cdots, \boldsymbol{q}_{i+k_1-1}^{\mathrm{T}} \right]^{\mathrm{T}}$（和 $\boldsymbol{d}_{j:j+k_1-1}^{\mathrm{T}} = \left[\boldsymbol{d}_j^{\mathrm{T}}, \boldsymbol{d}_{j+1}^{\mathrm{T}}, \cdots, \boldsymbol{d}_{j+k_1-1}^{\mathrm{T}} \right]^{\mathrm{T}}$）是查询段（和文档段）中 k_1 个词的嵌入向量的连接。因此，特征图 f 中的相应值为

$$z_{i,j}^{(1,f)} = g\left(\boldsymbol{z}_{i,j}^{0}\right) \cdot \sigma\left(\boldsymbol{w}^{(1,f)}\boldsymbol{z}_{i,j}^{0} + b^{(1,f)}\right)$$

其中 σ 是激活函数，$\boldsymbol{w}^{(1,f)}$ 和 $b^{(1,f)}$ 是卷积参数。$g(\cdot)$ 是门控函数，如果输入向量中的所有元素都等于零，则 $g(\cdot) = 0$，否则 $g(\cdot) = 1$。这里 $g(\cdot)$ 作为零填充函数。对于所有可能的查询词和文档词，一维卷积层输出一个二维的匹配矩阵。

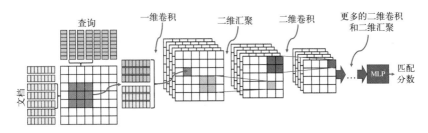

图 4-12 卷积匹配模型（ARC-II）架构

下一层在每个不重叠的 2×2 窗口中进行二维最大汇聚。输出矩阵中的第 (i,j) 个条目是

$$z_{i,j}^{(2,f)} = \max\left(z_{2i-1,2j-1}^{(1,f)}, z_{2i-1,2j}^{(1,f)}, z_{2i,2j-1}^{(1,f)}, z_{2i,2j}^{(1,f)}\right)$$

最大汇聚层通过过滤弱的（可能是嘈杂的）匹配信号，迅速缩小匹配矩阵。

然后，二维卷积被应用于最大汇聚层的输出矩阵。也就是说，使用二维卷积在矩阵的每个位置上创建大小为 $k_3 \times k_3$ 的滑动窗口内的交互表示。特征图 f 中的第 (i,j) 个值是

$$z_{i,j}^{(3,f)} = g\left(\boldsymbol{Z}_{i,j}^{(2)}\right) \cdot \sigma\left(\boldsymbol{W}^{(3,f)}\boldsymbol{Z}_{i,j}^{(2)} + b^{(3,f)}\right)$$

其中 $W^{(3,f)}$ 和 $b^{(3,f)}$ 是卷积参数，$Z_{i,j}^{(2)}$ 是输入矩阵。之后还可以增加更多的二维最大汇聚层和卷积层。在最后一层，利用 MLP 来汇总匹配信号并输出匹配分数：

$$f(q,d) = W_2 \sigma\left(W_1 Z^{(3)} + b_1\right) + b_2$$

其中 $Z^{(3)}$ 是最后一层的特征图。

为了训练模型参数，ARC-II 使用了与 ARC-I 相同的判别策略。也就是说，给定查询 q、相关查询 – 文档对 (q,d) 和不相关查询 – 文档对 (q,d')。ARC-II 使目标最小化：

$$\mathcal{L} = \sum_{(q,d)\in\mathcal{C}} \sum_{(q,d')\in\mathcal{C'}} \left[1 - f(q,d) + f(q,d')\right]_+$$

其中 $\mathcal{C}$ 和 $\mathcal{C'}$ 分别包含相关和不相关的查询 – 文档对。

2. MatchPyramid

卷积匹配模型 ARC-II 在查询和文档之间进行早期交互。然而，互动的含义（即一维卷积）并不明确。Liang Pang 等人[90] 指出，可以更直接地构建匹配矩阵。所提出的模型，即 MatchPyramid，将匹配矩阵重新定义为词级相似性矩阵。然后，利用一个二维卷积神经网络来提取查询 – 文档匹配模式，总结匹配信号，并计算出最终的匹配分数。

MatchPyramid 的主要思想是将文本匹配视为图像识别，将匹配矩阵视为图像，如图 4-13 所示。卷积神经网络的输入是匹配矩阵 M，其中元素 M_{ij} 代表第 i 个查询词 q_i 和第 j 个文档词 d_j 的基本交互。一般来说，M_{ij} 代表 q_i 和 d_j 之间的相似性，可以有不同的定义。示性函数

$M_{ij} = 1_{q_i = d_j}$ 可以产生 1 或 0 的值，用来表示这两个词是否相同。查询词和文档词的嵌入也可以用来表示这两个词之间的语义相似性。例如，余弦相似性 $M_{ij} = \cos\left(\boldsymbol{q}_i, \boldsymbol{d}_j\right)$，其中 q_i 和 d_j 分别为 q_i 和 d_j 的嵌入，点积为 $M_{ij} = \boldsymbol{q}_i^{\mathsf{T}} \boldsymbol{d}_j$。

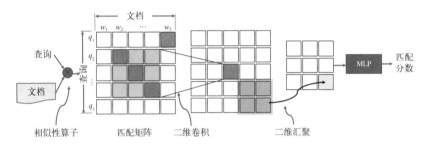

图 4-13 MatchPyramid 架构

MatchPyramid 是一个以匹配矩阵 $\boldsymbol{M}$ 为输入的二维卷积神经网络。令 $\boldsymbol{z}^{(0)} = \boldsymbol{M}$。第 k 个核 $\boldsymbol{w}^{(1,k)}$ 扫描匹配矩阵 $\boldsymbol{z}^{(0)}$ 并生成一个特征图 $\boldsymbol{z}^{(1,k)}$，其值为

$$z_{i,j}^{(1,k)} = \sigma\left(\sum_{s=0}^{r_k-1}\sum_{t=0}^{r_k-1} w_{s,t}^{(1,k)} z_{i+s,j+t}^{(0)} + b^{(1,k)}\right)$$

其中 r_k 是第 k 个核的大小。然后利用动态汇聚层来处理文本长度的变化。通过动态汇聚输出固定大小的特征图：

$$z_{i,j}^{(2,k)} = \max_{0 \leq s \leq d_k} \max_{0 \leq t \leq d_k'} z_{i \cdot d_k + s, j \cdot d_k' + t}^{(1,k)}$$

其中 d_k 和 d_k' 是汇聚核的宽度和长度。通过动态汇聚层，输出的特征图变为固定大小。可以叠加更多的卷积层和动态汇聚层。

在最后一层，MatchPyramid 利用 MLP 来产生最终的匹配分数：

$$[s_0, s_1]^{\mathrm{T}} = f(q, d) = \boldsymbol{W}_2 \sigma(\boldsymbol{W}_1 \boldsymbol{z} + \boldsymbol{b}_1) + \boldsymbol{b}_2$$

其中 $\boldsymbol{z}$ 是输入特征图，$\boldsymbol{W}_1$、$\boldsymbol{W}_2$、$\boldsymbol{b}_1$ 和 $\boldsymbol{b}_2$ 是参数。

为了学习模型参数，利用了 softmax 函数和交叉熵损失。给定 N 个训练三元组的集合 $\mathcal{D} = \left\{(q_n, d_n, r_n)\right\}_{n=1}^{N}$，其中 $r_n \in \{0, 1\}$ 是真实相关性标签，1 代表相关，0 代表不相关。交叉熵损失定义为

$$\mathcal{L} = -\sum_{(q, d, r) \in \mathcal{D}} \left[r\log\left(p(rel \mid q, d)\right) + (1 - r)\log\left(1 - p(rel \mid q, d)\right) \right]$$

其中 $p(rel \mid q, d) = \dfrac{e^{s_1}}{e^{s_0} + e^{s_1}}$ 是文档 d 与查询 q 相关的概率，由 softmax 函数给出。

二维卷积的一个有吸引力的特点是，它能够自动提取高水平（软）的匹配模式，并将其存储在核中，这与图像识别中的视觉模式提取相似。图 4-14 通过一个基于指标函数的人工匹配矩阵展示了一个例子。给定两个核，很明显，第一个卷积层可以捕捉到 n 元词匹配信号，如 "down the ages"，以及 n 个词所构成短语的匹配信号，如 "(noodles and dumplings) 与 (dumplings and noodles)"。第一个卷积层的特征图显示了这一点。然后，第二个卷积层进行合成，形成更高层次的匹配模式，如第二个卷积层的特征图所示。

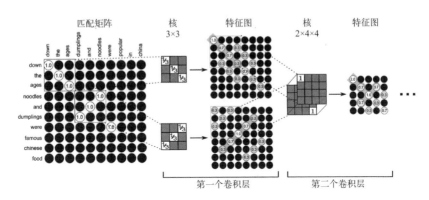

图 4-14 二维卷积核的效果[90]

3. Match-SRNN

二维 RNN 也可以用来发现匹配矩阵中的匹配模式。Shengxian Wan 等人[118] 提出一种方法，将两个文本的匹配分解为一系列匹配子问题，并递归地解决这些子问题。所提出的模型称为 Match-SRNN，该模型应用二维 RNN[134] 从左上角到右下角扫描匹配矩阵。最后（右下角）位置的状态被认为是匹配的整体表示。

如图 4-15 所示，Match-SRNN 由三部分组成：一个用于发现词级匹配信号的 NTN，一个用于总结句级匹配表示的空间 RNN（二维 RNN），以及一个用于计算最终匹配分数的线性层。

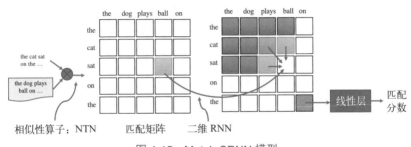

图 4-15 Match-SRNN 模型

首先，给定查询 q 和文档 d，利用 NTN 来计算第 i 个查询词 q_i 和第 j 个文档词 d_j 之间的相似性：

$$s\left(q_i, d_j\right) = \boldsymbol{u}^{\mathrm{T}} \sigma\left(\boldsymbol{q}_i^{\mathrm{T}} \boldsymbol{M}^{[1:r]} \boldsymbol{d}_j + V \begin{bmatrix} \boldsymbol{q}_i \\ \boldsymbol{d}_j \end{bmatrix} + b\right)$$

其中 $\boldsymbol{q}_i$ 和 $\boldsymbol{d}_j$ 分别是第 i 个查询词和第 j 个文档词的嵌入。

接下来，一个二维 RNN 被用来递归地扫描输出的匹配矩阵。具体来说，为了计算查询前缀 $\boldsymbol{q}_{[1:i]}$ 和文档前缀 $\boldsymbol{d}_{[1:j]}$ 之间的匹配表示，首先计算它们前缀的表示：

$$\boldsymbol{h}_{i-1,j} = \text{SpatialRNN}\left(\boldsymbol{q}_{[1:i-1]}, \boldsymbol{d}_{[1:j]}\right)$$

$$\boldsymbol{h}_{i-1,j-1} = \text{SpatialRNN}\left(\boldsymbol{q}_{[1:i-1]}, \boldsymbol{d}_{[1:j-1]}\right)$$

$$\boldsymbol{h}_{i,j-1} = \text{SpatialRNN}\left(\boldsymbol{q}_{[1:i]}, \boldsymbol{d}_{[1:j-1]}\right)$$

其中 $\text{SpatialRNN}(\cdot, \cdot)$ 是应用于前缀的二维 RNN。然后，匹配表示法计算为

$$\boldsymbol{h}_{i,j} = \text{SpatialRNN}\left(\boldsymbol{q}_{[1:i]}, \boldsymbol{d}_{[1:j]}\right) = f\left(\boldsymbol{h}_{i-1,j}, \boldsymbol{h}_{i,j-1}, \boldsymbol{h}_{i-1,j-1}, s_{q_i,d_i}\right)$$

其中 f 代表二维 RNN 的模型。也可以利用更强大的模型来代替二维 RNN，如二维 GRU 和 LSTM。

右下角的最后一个表示 $\boldsymbol{h}_{|q|,|d|}$，反映了查询和文档之间的全局匹配表示。最后，一个线性函数被用来计算最终的匹配分数：

$$f\left(q, d\right) = \boldsymbol{w} \boldsymbol{h}_{|q|,|d|} + b$$

其中 $\boldsymbol{w}$ 和 b 是参数。

为了学习模型参数，Match-SRNN 利用了实例对的合页损失。给定查询 q，训练集中的相关查询 – 文档对 (q,d^+) 所获得的分数应该比不相关的查询 – 文档对 (q,d^-) 更高，定义为

$$\ell\left(q,d^+,d^-\right)=\max\left(0,1-f\left(q,d^+\right)+f\left(q,d^-\right)\right)$$

给定训练集，Match-SRNN 模型的所有参数都是通过反向传播训练的。

4.2.3 用注意力机制学习匹配函数

最近的一个研究趋势是利用注意力机制，这是受人类认知系统中注意力机制的启发。注意力被成功地应用于 NLP 和信息检索中的任务，包括查询 – 文档匹配。

1. 可分解的注意力机制模型

Ankur P. Parikh 等人 [111] 指出，可以用一个可分解的注意力机制模型来捕捉和表示匹配信号。如图 4-16 所示，该模型包括三个步骤：注意、比较和聚合。给定一个查询和一个文档，查询和文档中的每个词都由一个嵌入向量表示。该模型先用注意力创建一个软对齐矩阵，然后使用（软）对齐将任务分解为子问题。最后，它合并子问题的结果以产生最终的匹配分数。

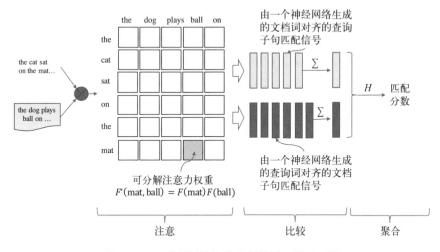

图 4-16 可分解的注意力机制模型，用于匹配

具体来说，给定一个查询-文档对 (q, d)。q 中的每个词表示为嵌入向量 $q = \left(\boldsymbol{q}_1, \cdots, \boldsymbol{q}_{|q|} \right)$，$|q|$ 是 q 中的词数。d 中的每个词表示为嵌入向量 $d = \left(\boldsymbol{d}_1, \cdots, \boldsymbol{d}_{|d|} \right)$，$|d|$ 是 d 中的词数。在"注意"步骤中，构建每个查询词和文档词之间的注意矩阵。未规范化的注意力权重 e_{ij} 是用一个可分解的函数计算的：

$$e_{ij} = F' \left(\boldsymbol{q}_i, \boldsymbol{d}_j \right) = F \left(\boldsymbol{q}_i \right)^{\mathrm{T}} F \left(\boldsymbol{d}_j \right)$$

其中 F 是一个 FNN。在注意力权重的作用下，与第 i 个查询词对齐的整个文档是

$$\beta_i = \sum_{j=1}^{|d|} \frac{\exp \left(e_{ij} \right)}{\sum_{k=1}^{|d|} \exp \left(e_{ik} \right)} \boldsymbol{d}_j$$

同样，与第 j 个文档词对齐的整个查询是

$$\alpha_j = \sum_{i=1}^{|q|} \frac{\exp\left(e_{ij}\right)}{\sum_{k=1}^{|q|} \exp\left(e_{kj}\right)} \boldsymbol{q}_j$$

在"比较"步骤中，每个查询词和它的对齐版本 $\left\{(\boldsymbol{q}_i, \beta_i)\right\}_{i=1}^{|q|}$ 分别用 FNN G 进行比较：

$$\boldsymbol{v}_{1,i} = G\left(\left[\boldsymbol{q}_i^{\mathrm{T}}, \beta_i^{\mathrm{T}}\right]^{\mathrm{T}}\right) \quad \forall i = 1, \cdots, |q|$$

其中 $[\cdot, \cdot]$ 连接两个向量。每个文档词和它的对齐版本 $\left\{\left(\boldsymbol{d}_j, \alpha_j\right)\right\}_{j=1}^{|d|}$ 分别用同一 FNN G 进行比较。

$$\boldsymbol{v}_{2,j} = G\left(\left[\boldsymbol{d}_j^{\mathrm{T}}, \alpha_j^{\mathrm{T}}\right]^{\mathrm{T}}\right) \quad \forall j = 1, \cdots, |d|$$

在"聚合"步骤中，两组比较信号 $\{\boldsymbol{v}_{1,i}\}$ 和 $\{\boldsymbol{v}_{2,j}\}$ 被分别加总：

$$\boldsymbol{v}_1 = \sum_{i=1}^{|q|} \boldsymbol{v}_{1,i} \quad \boldsymbol{v}_2 = \sum_{j=1}^{|d|} \boldsymbol{v}_{2,j}$$

然后，这两个聚合向量被输入一个 FNN，然后经过一个线性层 H，给出多类分数：

$$\hat{\boldsymbol{y}} = H\left(\left[\boldsymbol{v}_1^{\mathrm{T}}, \boldsymbol{v}_2^{\mathrm{T}}\right]^{\mathrm{T}}\right)$$

预测的类别（例如，相关或不相关）由 $\hat{y} = \mathrm{argmax}_i \boldsymbol{y}_i$ 决定。

模型训练中利用了交叉熵损失：

$$\mathcal{L} = \frac{1}{N} \sum_{n=1}^{N} \sum_{c=1}^{C} y_c^{(n)} \log \frac{\exp\left(\hat{y}_c^{(n)}\right)}{\sum_{c'=1}^{C} \exp\left(\hat{y}_{c'}^{(n)}\right)}$$

其中 C 是类的数量 [①]，N 是训练数据中实例的数量。

2. 采用 BERT 进行匹配

近年来，BERT 凭借更好的性能成为语言理解任务的先进模型 [84]。在 BERT 的预训练中，两个文本的表示是通过掩码语言建模和预测下一句，从大量的未标记数据中学习的。在调优中，通过在模型上添加输出层和少量特定任务的标记数据，为下游任务进一步完善表示。

该模型应用于搜索时，只要提供训练集，就可以利用 BERT 来计算查询和文档之间的匹配度 [120]。也就是说，一个预先训练好的 BERT 模型可以通过调优来适应查询 – 文档匹配。

图 4-17 显示了一种使用 BERT 进行查询 – 文档匹配的流行方法。给定一个查询 – 文档对 (q, d)，BERT 模型的输入包括查询词和文档词" $[\text{CLS}], q_1, \cdots, q_N, [\text{SEP}], d_1, \cdots, d_M, [\text{SEP}]$ "，其中" $[\text{CLS}]$ "是表示查询 – 文档对是否相关的标记，" $[\text{SEP}]$ "是表示查询和文档分离的标记，q_i 和 d_j 分别是第 i 个查询词和第 j 个文档词。查询（和文档）被填充或截断为 N（和 M）个词。每个词都用其嵌入来表示。一个词的输入嵌入是相应的词嵌入、段嵌入和位置嵌入之和。

BERT 模型是 Transformer [72] 的编码器，它为特殊的输入标记、查询词和文档词输出一串高水平的语义表示" $C, T_1, \cdots, T_N, T_{[\text{SEP}]}, T'_1, \cdots, T'_M, T'_{[\text{SEP}]}$ "，其中 C 是标记 $[\text{CLS}]$ 的表示，$T_1, \cdots, T_N$ 为查询词，$T'_1, \cdots, T'_M$ 为文档词，$T_{[\text{SEP}]}$ 和 $T'_{[\text{SEP}]}$ 为两个分隔符。标记 $[\text{CLS}]$ 的表示 C 被送入输出层（例如，单层神经网络），以获得 $p(\text{rel} \mid q, d)$，它表示文档与查询相关的概率。

---

① 这个查询 – 文档匹配任务中存在两类：相关，不相关。

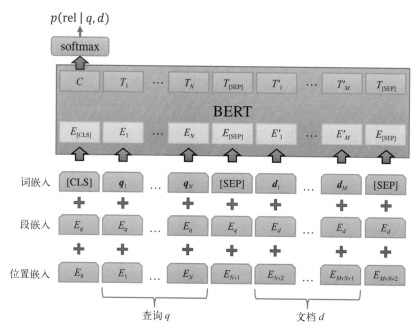

图 4-17 查询 – 文档匹配的 BERT 模型调优

Google 发布的 $\text{BERT}_{\text{LARGE}}$ 模型被广泛用作预训练模型。假设有一组训练三元组 $\mathcal{D} = \left\{ \left(q_n, d_n, r_n \right) \right\}_{n=1}^{N}$，其中 $r_n \in \{0,1\}$ 是真实相关性标签，1 代表相关，0 代表不相关。交叉熵损失定义为

$$\mathcal{L} = \sum_{(q,d,r) \in \mathcal{D}} -r\log\big(p(\text{rel} \,|\, q,d)\big) - (1-r)\log(1 - p(\text{rel} \,|\, q,d))$$

与现有的模型相比，BERT 为查询 – 文档匹配提供了几个优势。首先，在 BERT 中，查询和文档共同输入模型，可以同时表示查询内、文档内和查询 – 文档间的相互作用。其次，查询和文档以及查询 – 文档交互的表示在分层结构中被多次转换，因此 BERT 可以表示复杂的局部和全局匹配模式。再次，BERT 使用预训练 / 调优框架，预训练的

BERT 模型可以利用大量未标记数据中的信息。其他匹配模型的表示能力不强,因此无法达到类似的性能水平。研究表明,BERT 的预训练可以使模型偏向于语义相似的文本对,从而使模型在匹配中展现非常好的性能[120,135,136]。

4.2.4 搜索中的匹配函数学习

搜索中的匹配任务与 NLP 中的匹配任务存在差异。搜索中的匹配任务主要关注主题相关性,而 NLP 中的匹配任务主要关注语义。例如,搜索中的匹配模型应该能够很好地处理精确匹配信号,例如查询词的重要性和匹配的多样性[109]。人们开发了几种为搜索量身定制的匹配模型,并被实践证明是有效的。

1. DRMM

Jiafeng Guo 等人[109] 提出了一种"深度相关性匹配模型"(deep relevance matching model, DRMM)。图 4-18 显示了该模型的架构。查询 q 和文档 d 分别表示为两组词向量 $q = \left\{ q_1, q_2, \cdots, q_{|q|} \right\}$ 和 $d = \left\{ w_1, w_2, \cdots, w_{|d|} \right\}$,其中 q_i 和 w_j 分别表示查询词向量和文档词向量,均由 Word2Vec 生成。对于每个查询词 q_i,构建一个匹配的直方图 $z_i^{(0)}$ 来表示 q_i 与整个文档之间的交互:

$$z_i^{(0)} = h(q_i \otimes d) \qquad i = 1, \cdots, |q|$$

其中 $\otimes$ 表示 q_i 与 d 中所有词的余弦相似性计算,并输出 $[-1,1]$ 区间内的一组余弦相似性得分。然后,函数 h 将区间离散化为一组有序的桶(bin),计算每个桶中相似性分数的计数,并计算计数的对数,生成直方图向量 $z_i^{(0)}$。

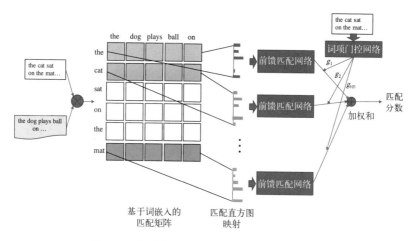

图 4-18 深度相关性匹配模型（DRMM）架构

然后向量 $z_i^{(0)}$ 通过 L 个前馈层为每个查询词 q_i 生成匹配分数，表示为 $z_i^{(L)}$。给定单个查询词的匹配分数，q 和 d 之间的最终匹配分数 $f(q,d)$ 计算为匹配分数的加权和：

$$f(q,d) = \sum_{i=1}^{|q|} g_i z_i^{(L)}$$

其中查询词 q_i，g_i 的权重由词项门控网络生成：

$$g_i = \frac{\exp(w_g x_i)}{\sum_{j=1}^{|q|} \exp(w_g x_j)}$$

其中 w_g 是词项门控网络中的参数向量，$x_j (j=1,\cdots,|q|)$ 是表示查询词 q_i 重要性的特征向量。这些特征可以是词向量或逆文档频率（IDF）。

前馈匹配网络和词项门控网络中的参数是联合学习的。给定一个训练示例 (q,d^+,d^-)，其中 d^+ 和 d^- 分别表示相关文档和非相关文档，

DRMM 的学习相当于最小化实例对合页损失和边际函数：

$$\mathcal{L} = \max\left(0, 1 - f\left(q, d^+\right) + f\left(q, d^-\right)\right)$$

应用带有 Adagrad 算法的小批量随机梯度下降法来进行最小化。正则化采用提前停止策略。

2. K-NRM

DRMM 在对查询词和文档词之间的交互进行建模方面是有效的。然而，直方图汇聚部分（即计算每个桶中的相似值）不是可微函数，这阻碍了匹配模型的端到端学习。为了解决这个问题，DRMM 利用预训练的词向量来表示查询和文档中的词。Chenyan Xiong 等人[110] 提出了一种称为基于核的神经排序模型（kernel based neural ranking model，K-NRM）的相关匹配模型。该模型使用核汇聚来表示每个查询词与文档之间的匹配度，而不是计算相似性分数，因此可以对该模型进行端到端训练。

如图 4-19 所示，给定查询 q 和文档 d，K-NRM 先使用嵌入层将（q 和 d 中的）每个词映射到嵌入向量中。然后，构造一个平移矩阵（即匹配矩阵）M，其中 M_{ij} 中的第 (i, j) 个元素是第 i 个查询词和第 j 个文档词之间的嵌入相似性（余弦相似性）。然后，它将核汇聚运算符应用于 M 的每一行（对应于每个查询词），生成一个 K 维向量 $\vec{K}$。具体来说，第 i 个查询词的汇聚向量的第 k 维定义径向基函数（radial basis function，RBF）核函数：

$$K_k\left(M_i\right) = \sum_j \exp\left(-\frac{\left(M_{ij} - \mu_k\right)^2}{2\sigma_k^2}\right)$$

其中 M_i 是 M 的第 i 行，M_{ij} 是 M_i 中的第 j 个元素，μ_k 和 σ_k 分别是 RBF 核的均值和方差。

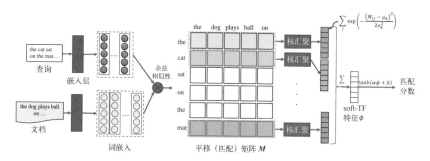

图 4-19　基于核的神经排序模型（K-NRM）架构

给定所有查询词的汇聚向量，对汇聚向量求和以创建 soft-TF 特征：

$$\phi(M) = \sum_{i=1}^{|q|} \log \vec{K}(M_i)$$

其中 $\vec{K}(M_i) = \left[K_1(M_i), \cdots, K_K(M_i) \right]$，并且 log 应用于 $\vec{K}(M_i)$ 的每个维度。最后，将 soft-TF 特征组合到一起，得到最终匹配分数：

$$f(q,d) = \tanh\left(\left\langle \mathbf{w}, \phi(M) \right\rangle + b \right)$$

其中 $\mathbf{w}$ 和 b 分别是权重和偏差。

K-NRM 的一个优点是可以用端到端的方式来学习。给定训练集 $D = \left\{ \left(q_i, d_i^+, d_i^- \right) \right\}_{i=1}^N$，其中 d_i^+ 和 d_i^- 分别表示相关文档以及和 q_i 不相关的文档，对 K-NRM 模型的学习等同于最小化实例对合页损失函数：

$$\mathcal{L}(\mathbf{w}, b, \mathcal{V}) = \sum_{i=1}^N \max\left(0, 1 - f\left(q_i, d_i^+ \right) + f\left(q_i, d_i^- \right) \right)$$

反向传播可用于核的学习，这使得在训练期间可以同时学习参数 w、b 和词嵌入 $\mathcal{V}$。

3. Duet

基于表示学习的匹配依赖于查询和文档的分布式表示。相比之下，在搜索中基于匹配函数的学习依赖于查询和文档的局部匹配表示。一种名为 Duet 的匹配模型[92] 结合两者所长，采用了一种混合方法。

如图 4-20 所示，Duet 由两个独立的深度神经网络组成，一个使用局部表示匹配查询和文档，另一个使用分布式表示匹配查询和文档。给定查询 q 和文档 d，最终的 Duet 匹配分数 $f(q,d)$ 定义为

$$f(q,d) = f_l(q,d) + f_d(q,d)$$

其中 $f_l(q,d)$ 和 $f_d(q,d)$ 分别表示局部匹配分数和分布式匹配分数。

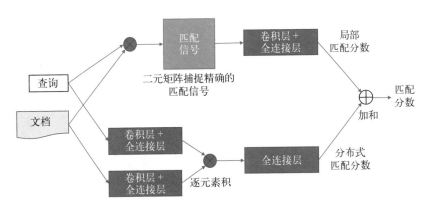

图 4-20　Duet 模型架构

在 $f_l(q,d)$ 模型中，每个查询词（和每个文档词）都由一个独热向量表示。然后模型创建一个二元匹配矩阵 $X \in \{0,1\}^{|d| \times |q|}$，其中第 (i,j) 个条目表示第 i 个文档词和第 j 个查询词之间的精确匹配关系。匹配矩阵 X 先通过一个卷积层，然后其输出通过两个全连接层、一个 dropout 层和一个全连接层来产生一个匹配分数。

在 $f_d(q,d)$ 模型中（类似于 DSSM[87]），q 和 d 中的词分别表示为 n 元词字母的频率向量。然后，查询 q 的向量经过卷积层、最大汇聚层和全连接层，产生向量 Q 的查询表示。类似地，文档 d 的向量通过卷积层、最大汇聚层和全连接层，产生矩阵 D 的文档表示。接下来在 D 和扩展 Q 之间计算逐元素积。得到的矩阵通过全连接层和 dropout 层以产生单个匹配分数。①

Duet 中的两个网络被联合训练为单个神经网络。给定一个由查询 q、相关文档 d^+ 和一组非相关文档 $\mathcal{D} = \{d_1^-, \cdots, d_k^-\}$，学习目标定义为给定查询 q 的文档 d^+ 的条件概率：

$$P(d^+ \mid q) = \frac{\exp(f(q,d^+))}{\sum_{d' \in \mathcal{D}} \exp f(q,d')}$$

随机梯度下降用于最大化对数似然 $\log P(d^+ \mid q)$。

4.2.5 实验结果

我们通过匹配函数学习方法呈现实验结果 [118]。实验采用 P@1 和平均倒数秩（mean reciprocal rank, MRR）作为评估标准。表 4-4 中的结

---

① 图 4-20 的架构为简化版本，未显示 dropout 层和最大汇聚层。——译者注

果表明，表示学习方法和匹配函数学习方法表现都可以优于 BM25 的基线。一般来说，匹配函数学习方法比表示学习方法表现更好。表 4-5 给出了一些匹配方法在 ad hoc 检索上的实验结果 [92,129]。我们还展示了 Rodrigo Nogueira 和 Kyunghyun Cho 所报告的 BERT 实验结果 [120]，用于段落排序任务。实验采用 MRR@10 作为评价指标。表 4-6 中的结果表明，调优的 $BERT_{LARGE}$ 显著优于先进的段落排序模型。

表 4-4　一些表示学习方法和匹配函数学习方法的性能对比

		P@1	MRR
	BM25（基线）	0.579	0.726
表示学习	ARC-I	0.581	0.756
	CNTN	0.626	0.781
	LSTM-RNN	0.690	0.822
匹配函数学习	ARC-II	0.591	0.765
	MatchPyramid	0.764	0.867
	Match-SRNN	0.790	0.882

表 4-5　匹配函数学习方法用于 ad hoc 检索方法性能对比，基于 Bing 搜索引擎日志和搜狗搜索引擎日志

	Bing搜索引擎日志		搜狗搜索引擎日志	
	NDCG@1	NDCG@10	NDCG@1	NDCG@10
DSSM	0.258	0.482	—	—
Duet	0.322	0.530	—	—
DRMM	0.243	0.452	0.137	0.315
MatchPyramid	—	—	0.218	0.379
K-NRM	—	—	0.264	0.428

表 4-6 调优的 BERT$_{LARGE}$ 和其他方法的性能

	MRR@10 (Dev)	MRR@10 (Eval)
BM25	0.167	0.165
K-NRM [110]	0.218	0.198
Conv-KNRM [129]	0.290	0.271
BERT$_{LARGE}$	0.365	0.358

4.3 讨论和延伸阅读

本节将讨论表示学习方法和匹配函数学习方法的特点，并提供更多参考资料，以供读者进一步阅读。

4.3.1 讨论

人们对表示学习方法和匹配函数学习方法都进行了深入的研究。这两种方法各有优缺点，并且与信息检索中的传统匹配和排序模型有很强的联系。

表示学习根据查询和文档的语义表示给出最终的匹配分数，这些语义表示分别从查询和文档的原始表示中学习。查询和文档的语义表示是嵌入向量（实值向量），这意味着在一个共同的语义空间中表示查询和文档。这种方法很自然，并且与传统的潜在空间模型有很强的联系。如果查询和文档的语义得到很好的表示，那么该方法可以有效地解决词项不匹配问题。然而，该方法也存在局限性。查询和文档分别在最后一步（匹配分数计算）之前表示。基本假设是查询和文档存在通用表示，并且可以比较这些表示以确定相关性。但是，查询和文档通常具有多个级别（例如，局部级别和全局级别）的语义。因此，最好可以在不同级别比较查询和文档。换句话说，最好可以建模查询和文档的表示，以及查询和文档在多个级别的交互。

传统的用于搜索的潜在空间匹配模型（例如 PLS、RMLS）和使用主题模型的匹配方法（例如 LSI、PLSA、LDA）[9] 也学习查询和文档的语义表示。从这个角度来看，表示学习方法与传统方法有相似之处。然而，深度学习模型具有优势，因为：(1) 使用深度神经网络，将查询和文档映射到语义空间，从而获得更丰富的表示；(2) 查询和文档中词的映射函数和嵌入可以用端到端的方式联合学习。

匹配函数学习基于查询和文档的表示和交互生成最终匹配分数。由于基本匹配信号是用高级表示（例如语义表示）和低级表示（例如词级表示）结合建模的，因此该方法能够进行更准确的匹配。

传统的信息检索模型（例如 VSM、BM25 和 LM4IR）也比较查询词和文档词，并聚合匹配信号。从这个角度来看，匹配函数学习的方法与传统的信息检索方法有相似之处。然而，深度学习模型优于传统的信息检索模型，因为：(1) 可以捕获不同级别的匹配信号，不仅有局部级别（例如词级别），而且还有全局级别（例如语义级别）；(2) 能自然地保持和考虑匹配的位置；(3) 可以进行端到端的学习，并获取更好的性能；(4) 可以更容易地利用弱监督数据（例如点击日志）。

表示学习和匹配函数学习并不是相互排斥的。人们还开发了可以结合两者所长的匹配模型。一些方法直接结合了表示学习和匹配函数学习的匹配分数 [92]。还有一些方法利用注意力机制交替构建查询和文档的表示，并在表示之间进行交互 [122]。

4.3.2 延伸阅读

搜索中的语义匹配是一个非常活跃的研究课题。下面列出了有关文本匹配和跨模态匹配的相关工作,以及基准数据集和开源软件包。

1. 论文

人们提出了大量用于在搜索中进行匹配的模型。一个研究方向是学习更复杂的表示。对于表示学习方法,Wenpeng Yin 和 Hinrich Schütze[98] 提出了基于卷积神经网络的 MultiGranCNN 模型,该模型在多个层次上学习查询表示和文档表示,包括词、短语和整个文本。Shengxian Wan 等人[100] 提出了 MV-LSTM 模型,这是一种基于 LSTM 的模型,用于实现多个位置的句子表示,捕获句子中的局部信息和全局信息。Yifan Nie 等人[96] 指出,由于自然语言的性质,需要不同级别的匹配——从低级的词匹配到高级的语义匹配。他们提出了一种多级抽象卷积模型(multi-level abstraction convolutional model, MACM)来生成多级表示并聚合多层次的匹配分数。Jiangping Huang 等人[137] 还提出了一种结合卷积神经网络和 LSTM 的方法,以利用从字符级到句子级的特征来执行匹配。Jyun-Yu Jiang 等人[101] 提出了用于匹配长文档的 SMASH RNN。该方法采用双向 GRU 和注意力机制作为编码器,在句子级别、段落级别和文档级别构建文档表示。Bang Liu 等人[138] 提出使用概念交互图对新闻文章进行编码,并根据包含相同概念顶点的句子进行匹配。

匹配函数学习方法中大量使用了注意力机制。例如,基于注意力机制的 CNN[123] 将注意力机制集成到 CNN 中,用于一般的句子对建模。该模型中,每个句子的表示均会利用本身的信息。双边多视角匹配(bilateral multi-perspective matching, BiMPM)[117] 模型在两个方向上匹配两个编码的句子。每个匹配的方向中，一个句子的每个位置会从多个视角注意到其他句子的所有位置。多播注意力网络（multi-cast attention network, MCAN）[124] 执行一系列用于问答匹配的软注意力操作。MCAN 的一个优点是允许使用任意数量的注意力机制，并允许多种注意力类型（例如共同注意力和内部注意力）和注意力变体（例如对齐汇聚、最大汇聚、均值汇聚）同时执行。此外，该研究声称，不对称匹配任务中的共同注意力模型需要进行不同于对称任务中的搜索注意力的处理。该研究提出厄米特共同关注循环网络（Hermitian co-attention recurrent network, HCRN），其中注意力机制基于复值内积（厄米特积）。Chuanqi Tan 等人 [126] 提出了多路注意力网络（multiway attention network, MwAN），在匹配聚合框架下使用多个注意力函数来匹配句子对。Haolan Chen 等人 [121] 提出了多通道信息交叉（multi-channel information crossing, MIX）模型来比较不同粒度的查询和文档，形成一系列匹配矩阵，然后施加注意力层以捕获交互并产生最终匹配分数。基于注意力的神经匹配模型（attention-based neural matching model, aNMM）[112] 是另一种基于注意力的神经匹配模型。给定匹配矩阵，对于每个查询词，使用值共享加权方案而不是位置共享加权方案来计算该词的匹配信号。不同查询词的信号通过注意力网络聚合。Rodrigo Nogueira 等人 [135] 提出了一种用于搜索的三阶段排序架构。第一阶段用 BM25 实现，第二阶段和第三阶段分别用基于学习排序的单实例和实例对 BERT 实现。Wei Yang 等人 [139] 和 Yifan Qiao 等人 [136] 还将 BERT 模型应用于 ad hoc 检索和段落检索。Nils Reimers 和 Iryna Gurevych[140] 提出 Sentence-BERT 模型以减少文本匹配的计算开销。对于自然语言推理的任务，Qian Chen 等人 [116] 提出了一种基于链式 LSTM 的顺序推理模型，称为增强型顺序推理模型（enhanced sequential inference model,

ESIM）。ESIM 模型明确考虑了局部推理建模和推理组合中的递归架构。Yichen Gong 等人[127] 提出了交互式推理网络（interactive inference network, IIN）模型，该模型从交互空间中分层提取语义特征并对句子对进行高级理解。结果表明，交互张量（注意力权重）可以捕获语义信息来解决自然语言推理任务。

对于无监督方法的匹配模型，Christophe Van Gysel 等人[141] 提出将 NVSM 应用于实体空间，该技术可用于产品搜索[19,142] 和专家搜索[143]。Hamed Zamani 和 W. Bruce Croft[144] 也提出了一种无监督方法来学习词和查询表示。信息检索社区也提出了弱监督模型，用于文本表示、匹配和排序任务。对于使用弱监督的训练模型，Hamed Zamani 和 W. Bruce Croft[145] 提出了一个框架，可以基于单个词嵌入向量来表示查询，并使用伪相关文档作为训练信号来估计参数。Hamed Zamani 和 W. Bruce Croft[144] 提出使用弱监督训练神经排序模型。尽管如此，标签是从伪相关反馈中自动获得的，无须使用人工注释或外部资源。Mostafa Dehghani 等人[131] 提出使用 BM25 的输出作为弱监督信号来训练神经排序模型。Dany Haddad 和 Joydeep Ghosh[146] 建议利用多个无监督排序器生成软训练标签，然后根据生成的数据学习神经排序模型。Hamed Zamani 等人[147] 提出用多个弱监督信号训练查询性能预测模型。Hamed Zamani 和 W. Bruce Croft[148] 为信息检索的弱监督提供了理论依据。

通常，匹配模型假设查询和文档是同质的（例如短文本 ①），并使用对称匹配函数。Liang Pang 等人[149] 基于上述 MatchPyramid 模型[90] 研究短查询和长文档之间的匹配。结果表明，网络搜索中的查询和文

---

① 对于文档，仅使用标题、锚点或点击过的查询。

档本质上是异构的：查询很短，而文档很长，因此学习非对称匹配模型是更好的选择。基于卷积核神经排序模型（convolutional kernel-based neural ranking model, Conv-KNRM）[129] 扩展了 K-NRM 模型，利用 CNN 表示各种长度的 n 元词，并在统一的嵌入空间中对 n 元词进行软匹配。研究人员还观察到，一个长文档由多个段落组成，并且可以通过其中一些段落来确定与查询的匹配。因此，可以将文档分成多个段落并与查询单独匹配，以捕获细粒度的匹配信号。在 DeepRank[113] 中，文档被拆分为以词为中心的上下文，每个文档词对应搜索中的查询词。使用 MatchPyramid 模型计算每一对（查询词 - 以词为中心的上下文）之间的局部相关性，然后将局部相关性分数聚合为查询 - 文档匹配分数。

类似地，位置敏感的卷积 - 循环相关性匹配（position-aware convolutional-recurrent relevance matching, PACRR）模型 [114] 用滑动窗口将文档分段。聚焦区域可以是文档中的前 k 个词或文档中最相似的上下文位置（k-window）。上下文敏感的 PACRR（Co-PACRR）[115] 通过合并可以对匹配信号的上下文信息进行建模的组件来扩展 PACRR。Yixing Fan 等人 [119] 提出了分层神经匹配（hierarchical neural matching, HiNT）模型，其中文档也被分成段落。在查询和文档段落之间计算局部相关性信号。将局部信号累积成不同的粒度，最后组合成最终的匹配分数。商业网络搜索引擎需要考虑的不仅仅是一个文档字段。结合文档描述的不同来源（例如标题、URL、正文、锚点等）有助于确定文档与查询的相关性 [150]。为了解决利用多个领域知识的问题，Hamed Zamani 等人 [97] 提出了 NRM-F 模型，该模型引入了一种掩码方法来处理一个字段中的缺失信息，以及一种字段级 dropout 方法以避免过度依赖一个字段。在分层注意力检索（hierarchical attention retrieval, HAR）[128] 模型中，进行词级别的交叉注意力操作以识别与查询最相关的词，并在句子和文档级别进行分层注意力操作。

至于跨模态查询文档匹配，CCA[132] 和语义相关匹配 [151] 模型属于传统模型。这两个模型都旨在学习线性变换，以将不同模态的两个对象投影到一个公共空间中，从而使它们的相关性最大化。为了将线性变换扩展到非线性变换，David R. Hardoon 和 John Shawe-Taylor 提出了核典型相关分析（kernel canonical correlation analysis, KCCA）模型[152]，该模型使用核函数在再现核希尔伯特空间中找到最大相关投影。Andrej Karpathy 等人 [153] 介绍了一种方法，将图像片段（图像中的对象）和句子片段嵌入一个公共空间，并用点积来计算它们的相似性。最终的图像 - 句子匹配分数被定义为它们的实例对片段匹配分数的平均阈值分数。多模态卷积神经网络（multimodal convolutional neural network, m-CNN）[106] 采用 CNN 计算词级、短语级和句子级的多模态匹配分数。为了更好地统一表示具有嵌入的多媒体对象，研究者开发了各种多模态深度神经网络 [154-159]。

2. 基准数据集

有许多公开的基准数据集可用于训练和测试语义匹配模型。例如，传统的信息检索数据集，例如 TREC 集合（例如 Robust、ClueWeb 和 Gov2 等）、NTCIR 集合和 Sogou-QCL[160] 适用于查询文档匹配。问答（和基于社区的问答）集合，例如 TREC QA、WikiQA[161]、WikiPassageQA[162]、Quora 的 2017 年问题数据集、Yahoo! Answers collection[163] 和 MS MARCO[164] 也用于深度匹配模型的研究。其他自然语言处理数据集，例如 MSRP[165] 和 SNLI[166] 也可以使用。

3. 开源包

网上有许多用于匹配的开源包。MatchZoo 是一个开源项目，致力于研究深度文本匹配模型[167]。TensorFlow Ranking 是 TensorFlow 的一个子项目，旨在解决深度学习框架中的大规模搜索排序问题[168]。Anserini 是一个基于 Lucene 构建的开源信息检索工具包，旨在弥合学术研究和实际应用之间的差距[169]。

第 5 章

推荐中的深度匹配模型

本章将介绍推荐中的代表性深度匹配方法。如第 4 章所述，这些方法分为两类：(1) 表示学习的方法；(2) 匹配函数学习的方法。在第 (1) 类中，采用神经网络来创建用户和项目的表示，以在两者之间进行比较，并生成最终的匹配分数。在第 (2) 类中，利用神经网络在用户和项目（以及可能的上下文）之间进行交互，以生成匹配信号并将其聚合为最终匹配分数。表 5-1 显示了推荐中具有代表性的深度匹配模型的分类。

表 5-1　推荐技术中的深度匹配模型

	输入表示	技术分类	模　型
基于表示学习的方法	无序交互	基于 MLP	DeepMF[170]、YouTubeDNN[171]、MV-DNN[172]
		基于自编码器	AutoRec[173]、CDAE[174]、Mult-VAE[175]
		基于注意力机制	NAIS[176]、ACF[177]、DIN[24]
	顺序交互	基于 RNN	GRU4Rec[178]、NARM[179]、RRN[180]、Latent Cross[181]
		基于 CNN	Caser[182]、NextItNet[183]、GRec
		基于注意力机制	SASRec[184]、Bert4Rec[28]

（续）

	输入表示	技术分类	模　型
基于表示学习的方法	多模态内容	类别属性	NSCR[185]、DeepCF[53]
		用户评论	DeepCoNN[186]、NARRE[187]、CARP[188]
		多媒体内容	VBPR[189]、CDL[190]、ACF[177]、MMGCN[191]、PinSage[20]
	图数据	用户 - 项目图	NGCF[19]、PinSage[20]、LightGCN[192]
		知识图谱	KGAT[27]、RippleNet[193]、KPRN[194]
		社交网络	DiffNet[195]、GraphRec[196]
基于匹配函数学习的方法	二路匹配	相似性学习	NCF[17]、ConvNCF[197]、DeepICF[198]、NNCF[199]
		度量学习	CML[200]、TransRec[201]、LRML[202]
	多路匹配	隐式交互建模	YouTubeDNN[171]、Wide&Deep[203]、Deep Crossing[204]、DIN[24]
		显式交互建模	NFM[22]、AFM[205]、HoAFM[206]、CIN[23]、TransFM[207]
		显式与隐式组合的交互建模	Wide&Deep[203]、DeepFM[208]、xDeepFM[23]

5.1　基于表示学习的匹配

基于表示学习的匹配模型采用如第 4 章中图 4-1 所示的潜在空间模型的通用框架。简而言之，在用户空间 $u \in \mathcal{U}$ 和项目空间 $i \in \mathcal{I}$ 中给定用户 u，函数 $\phi_u : \mathcal{U} \mapsto \mathcal{H}$ 和 $\phi_i : \mathcal{I} \mapsto \mathcal{H}$ 分别表示从用户空间 $\mathcal{U}$ 和项目空间 $\mathcal{I}$ 到新空间 $\mathcal{H}$ 的映射。

u 和 i 之间的匹配模型定义为

$$f(u,i) = F\big(\phi_u(u), \phi_i(i)\big) \tag{5.1}$$

其中 F 是 $\mathcal{H}$ 上的相似性函数，例如内积或余弦相似性。根据输入数据的形式和感兴趣的数据属性，可以使用不同的神经网络来实现表示函数 ϕ_u 和 ϕ_i。接下来根据输入数据的形式，将表示学习方法进一步分为 4 种类型：(1) 无序交互；(2) 顺序交互；(3) 多模态内容；(4) 图数据。

本节的其余部分将分别介绍每种类型的表示学习方法。5.1.1 节将描述代表用户与系统进行无序交互的方法，例如深度矩阵分解和基于自编码器的方法。5.1.2 节将说明按用户互动顺序（有序互动）表示用户的方法，例如基于 RNN 和基于 CNN 的顺序推荐方法。5.1.3 节会介绍将多模态内容与表示形式（例如用户 / 项目属性、文本和图像）的学习相结合的方法。5.1.4 节会介绍近年来开发的用于学习图数据（例如用户项目图和知识图谱）上的表示形式的方法。

5.1.1 从无序交互中学习表示

传统的矩阵分解模型利用独热 ID 向量表示用户（项目），并且执行单层线性投影以获得用户（项目）表示。由于独热向量仅包含 ID 信息，因此对向量执行多层非线性变换是没有意义的。假设在推荐系统中有大量用户 – 项目交互数据，人们很自然就会想到用其交互历史来代表用户，其中编码了更为丰富的信息。如果忽略用户 – 项目交互的顺序，则交互历史可以被看作无序的交互集。每次交互可以表示为多热向量，它表示用户交互过的项目，其中每个维度对应于一个项目。接下来回顾三种从无序交互中学习用户表示的方法：基于 MLP 的方法、基于自编码器的方法，以及基于注意力的方法。

1. 基于 MLP 的方法

深度矩阵分解（deep matrix factorization, DeepMF）[170] 采用了 DSSM

的架构[87]。它具有双塔结构，一个塔用于学习用户表示，另一个塔用于学习项目表示。在每个塔中，采用 MLP 从多热向量中学习一个表示。我们希望对交互历史采用多层非线性变换可以学习更好的表示形式，以弥合用户和项目之间的语义鸿沟。图 5-1 展示了 DeepMF 模型的架构。

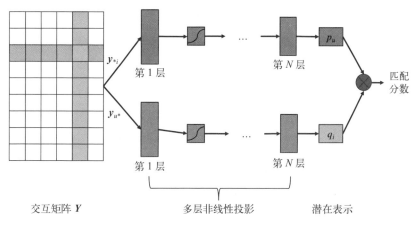

图 5-1　深度矩阵分解（DeepMF）模型架构

令用户 – 项目交互矩阵为 $Y \in \mathcal{R}^{M \times N}$，其中 M 和 N 分别表示用户和项目数。对于显式反馈，每个项 y_{ui} 均为评分结果，得分 0 表示用户 u 之前未对项目 i 进行评分；对于隐式反馈，每个项都是一个二进制值，值 1 和 0 表示用户 u 之前是否与项 i 进行过交互。令 $y_{u*} \in \mathcal{R}^N$ 表示 Y 的第 u 行，即用户 u 的多热历史向量，$y_{*i} \in \mathcal{R}^M$ 表示 Y 的第 i 列，即项 i 的多热历史向量。然后，可以将 DeepMF 的匹配函数表示为

$$p_u = \mathrm{MLP}_1\left(y_{u*}\right), q_i = \mathrm{MLP}_2\left(y_{*i}\right)$$
$$f\left(u,i\right) = \mathrm{cosine}\left(p_u, q_i\right) = \frac{p_u^{\mathrm{T}} q_i}{\| p_u \|^2 \| q_i \|^2} \tag{5.2}$$

由于用户和项目的空间不同，DeepMF 使用两个具有不同参数的

MLP 来表示用户和项目。注意，由于 y_{u*} 和 y_{*i} 的稀疏性质，如果在实现中省略 Y 中的零项，则模型的整体复杂性是可以接受的。另外值得一提的是，双塔结构不是强制性的——可以仅使用 MLP_1 来获得 p_u，并使用简单的嵌入查找得到 q_i。这种简化实质上等同于接下来要介绍的基于自编码器的方法。

2. 基于自编码器的方法

自编码器是根据互动历史记录来构建推荐器的另一种模型。自编码器将输入数据转换为隐藏的表示形式，如此一来，从良好的隐藏表示形式中几乎可以恢复输入数据。在基于项目的 AutoRec[173] 中，输入为用户历史向量 $y_{u*} \in \mathcal{R}^N$，将其重构为

$$\hat{y}_{u*} = \sigma_2 \left(W \cdot \sigma_1 \left(V y_{u*} + b_1 \right) + b_2 \right) \tag{5.3}$$

其中 σ_2 和 σ_1 是激活函数，$V \in \mathcal{R}^{d \times N}$ 和 $W \in \mathcal{R}^{N \times d}$ 是权重矩阵，$b_1 \in \boldsymbol{R}^d$ 和 $b_2 \in \boldsymbol{R}^N$ 是偏差向量。重构向量 $\hat{y}_{u*}$ 是 N 维向量，用于存储用户 u 所有项目的预测匹配分数。为了学习参数 $\theta = \{V, W, b_1, b_2\}$，AutoRec 通过 L_2 正则化将所有输入（用户）的总损失最小化：

$$L = \sum_{u=1}^{M} \| y_{u*} - \hat{y}_{u*} \|^2 + \lambda \| \theta \|^2$$

由于推荐本质上是匹配加排序任务，因此也可以采用其他损失函数，如交叉熵、合页损失和实例对损失。[174]

实际上，可以在交互历史上使用 MLP 来学习 AutoRec 模型，以学习用户表示，并使用嵌入查找获得项目表示。更具体地说，可以重写公式 (5.3) 来获得逐元素匹配函数：

$$f(u,i) = \hat{y}_{u*,i} = \sigma_2 \left(\underbrace{w_{i*}}_{q_i} \cdot \underbrace{\sigma_1 \left(V y_{u*} + b_1 \right)}_{\Rightarrow p_u = \text{MLP}(y_{u*})} + b_2 \right) \tag{5.4}$$

其中 w_{i*} 表示 W 的第 i 行，可以看作项目 i 的 ID 嵌入向量，而用户表示 p_u 等效于以 y_{u*} 为输入的单层 MLP 的输出。匹配分数本质上是用户表示 p_u 和项目 ID 嵌入向量 q_i 的内积，在公式 (5.1) 所定义的潜在空间中计算。如果使用多个隐藏层来构建"深层"自编码器，可以将其解释为用多层 MLP 替换单层 MLP，以获得用户表示。这样一来，自编码器架构可以看作 DeepMF 的简化变体。

AutoRec 新近的变体包括协同去噪自编码器（collaborative denoising auto-encoder, CDAE）[174]，通过用随机噪声破坏输入 y_{u*} 来扩展 AutoRec，以防止模型学习简单的恒等函数，并发现更加稳健的表示。Dawen Liang 等人 [18] 提出用于推荐的扩展变分自编码器，从生成概率建模的角度解决表示学习问题。

3. 基于注意力的方法

在学习用户表示时观察到的一个现象是，对于用户偏好的建模，各个历史项目所起的作用可能并不是平等的。例如，用户可能选择一个流行项目，只是因为它比较流行，而不是因为自己喜欢它。虽然从原理上讲，从交互历史中学习的 MLP 可能捕获复杂的关系（参见神经网络的通用逼近定理 [209]），但由于该过程过于隐式，因此无法保证结果正确。为了解决该问题，神经注意力项目相似性（neural attentive item similarity, NAIS）模型 [176] 采用了神经注意力网络，以明确了解每个历史项目的权重。图 5-2 显示了该模型的架构。

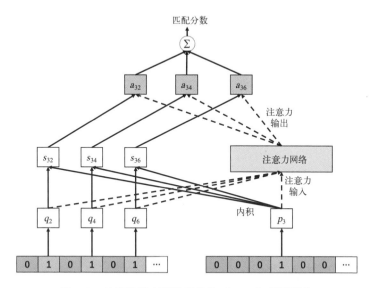

图 5-2 神经注意力项目相似性（NAIS）模型架构

简而言之，NAIS 是 FISM 的扩展，通过在用户的每个交互项目上使用可学习的权重来实现。假设 $\mathcal{Y}_u$ 是用户 u 的一组交互项，并且每个项目 i 与两个 ID 嵌入向量 $\boldsymbol{p}_i$ 和 $\boldsymbol{q}_j$ 关联，分别表示其作为目标项目和历史项目的角色。NAIS 中的匹配函数公式为

$$f(u,i) = \left(\sum_{j \in \mathcal{Y}_u \setminus \{i\}} a_{ij} \boldsymbol{q}_j \right)^{\mathrm{T}} \boldsymbol{p}_i$$

$$a_{ij} = \frac{\exp\left(g\left(\boldsymbol{p}_i, \boldsymbol{q}_j\right)\right)}{\left[\sum_{j \in \mathcal{Y}_u \setminus \{i\}} \exp\left(g\left(\boldsymbol{p}_i, \boldsymbol{q}_j\right)\right)\right]^{\beta}} \tag{5.5}$$

其中 a_{ij} 是一个关注权重，用于控制历史项目 j 在估计用户 u 对于目标项目 i 的匹配分数时的权重。注意力网络 g 通常被实现为输出标量值的单层 MLP（例如，MLP 将 $\boldsymbol{p}_i$ 和 $\boldsymbol{q}_j$ 的连接或逐元素积作为输入）。g 的输出

将通过平滑的 softmax 函数进一步处理，其中 β 属于 $(0,1)$，以平滑活动
用户的加权和（β 的默认值为 0.5）。通过使用注意力网络显式地学习每
个交互过的项目的权重，从交互历史中学习到的表示，其可解释性也可
以得到提高。可以通过将 MLP 叠加在汇聚总和上来进一步增强表示学
习的非线性，例如在用于 YouTube 推荐的深度神经网络架构中[171]。

值得强调的是，在估计历史项目 j 的权重时，NAIS 的注意力机制
已经注意到了目标项目 i。这种专门的设计是要解决与不同项目进行交
互时静态用户表示的限制。例如，当用户考虑是否购买一件衣服时，与
用户在电子产品类别上的历史行为相比，时尚产品类别上的历史行为更
能反映出审美偏好。深度兴趣网络（deep interest network, DIN）模型[24]
由阿里巴巴团队同时独立提出，采用相同的动态（目标项目感知）用户
表示方式。在大规模电子商务点击率预测中，从用户行为历史中提取有
效信号是非常有用的。

5.1.2 从顺序交互中学习表示

用户–项目交互自然与时间戳相关，时间戳记录了交互发生的时
间。如果考虑用户–项目交互的顺序，则交互历史将成为一系列项目
ID。对这样的序列进行建模对于预测将来的用户行为可能是有用的。例
如，存在从一个项目（例如手机）到另一项目（例如手机保护壳）的购
买过渡模式，并且最近的购买对下一次购买具有更好的预测性。接下来
介绍三种基于顺序的推荐方法：基于 RNN 的方法、基于 CNN 的方法和
基于注意力的方法。

1. 基于 RNN 的方法

作为用于基于会话的推荐的循环神经网络的开创性工作之一，

Balázs Hidasi 等人 [178] 提出了一个基于 GRU 的 RNN，用于总结会话中的顺序交互（例如被点击项目的顺序）并给出推荐结果，称为 GRU4Rec。对 GRU4Rec 模型而言，输入是会话 $x = (x_1, \cdots, x_{r-1}, x_r)$ 中 r 个被点击过的项目的序列，其中每个项目均表示为独热 N 维向量，其中 N 是项目数量。输出是会话中的下一个事件（单击的项目）。更具体地说，在序列 x 的每个位置 i 处，输入是会话的状态，它可以是当前项目的一次性表示，也可以是到目前为止项目表示的加权总和，如图 5-3 所示。多层 GRU 作为网络的核心，用于接收输入表示的嵌入，每个 GRU 层的输出是到下一层的输入。最后，在最末的 GRU 层和输出层之间添加前馈层。输出是一个 N 维向量，每个向量代表在会话的下一个事件中单击相应项目的概率。

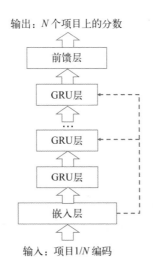

图 5-3 GRU4Rec 的模型架构。在项目序列中，它一次处理一个项目

在训练期间，实例对排序损失被用来学习模型参数。这里用到了两种类型的损失函数。BPR 损失函数比较了正例（首选）项目的分数与几个采样的负例项目的分数。因此，一个位置上的 BPR 损失函数定义为

$$L_s = -\frac{1}{N_s} \cdot \sum_{j=1}^{N_s} \log\left(\sigma\left(\hat{r}_{s,i} - \hat{r}_{s,j}\right)\right)$$

其中 N_s 是采样的负例项目的数量，$\hat{r}_{s,i}$（或 $\hat{r}_{s,j}$）是项目 i（或 j）的预测分数，i 是正例项目，j 是负例项目。这里还设计了另一种称为 TOP1 的损失函数，即正则化的实例对排序正确的比率。一个位置上的 TOP1 损失函数定义为

$$L_s = \frac{1}{N_s} \cdot \sum_{j=1}^{N_s} \sigma\left(\hat{r}_{s,j} - \hat{r}_{s,i}\right) + \sigma\left(\hat{r}_{s,j}^2\right)$$

为了解决会话长度不同的问题，GRU4Rec 采用了会话并行小批量处理进行优化。在训练中，它使用基于流行度的负例采样——假设某项目越受欢迎，则用户可能就越了解它——用于生成负例项目。

基于 RNN 的模型（包括前面介绍过的 GRU4Rec）的一个问题是，它们仅考虑了用户在当前会话中的序列行为（短期兴趣），而没有对用户的总体兴趣给予足够的重视。为了解决这个问题，Jing Li 等人 [179] 提出，将注意力机制与 RNN 相结合，该机制称为神经注意力推荐机（neural attentive recommendation machine，NARM）。如图 5-4 所示，NARM 采用编码器 – 解码器框架进行基于会话的序列推荐。给定由 t 个点击的项目组成的用户点击序列 $\boldsymbol{x} = (x_1, x_2, \cdots, x_t)$，NARM 中的全局编码器使用 GRU 扫描输入序列，并使用最终的隐藏状态 $\boldsymbol{c}_g^t = \boldsymbol{h}_t$ 来表示用户的序列行为。NARM 中的局部编码器还使用另一个 GRU 扫描输入序列，并将

隐藏状态的加权和作为用户主要意图的表示：

$$c_t^l = \sum_{j=1}^{t} \alpha_{tj} \boldsymbol{h}_j$$

其中 α_{tj} 是位置 j 和 t 之间的注意力。统一序列表示由 $\boldsymbol{c}_t^g$ 和 $\boldsymbol{c}_t^l$ 的组合形成：

$$\boldsymbol{c}_t = \begin{bmatrix} \boldsymbol{c}_t^g \\ \boldsymbol{c}_t^l \end{bmatrix}$$

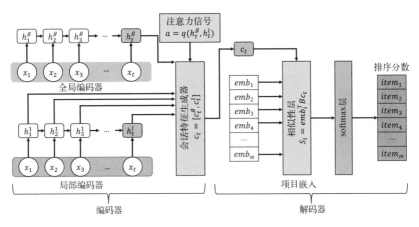

图 5-4　神经注意力推荐机（NARM）的模型架构

位置 t 处的统一序列表示以及候选项目的嵌入被送到解码器中。将位置 t 处的序列表示与候选项目 i 的嵌入之间的相似性计算为双线性（bilinear）函数：

$$s_i = \boldsymbol{e}_i^{\mathrm{T}} \boldsymbol{B} \boldsymbol{c}_t$$

其中 $\boldsymbol{B}$ 是要学习的矩阵。softmax 层进一步施加在 m 个项目评分上，以在所有候选项目上生成（点击的）分布，其中 m 是候选项目的数量。

此处为学习模型参数而使用了交叉熵损失。具体而言，给定训练序列，在 t 处 NARM 首先预测 m 个项目 $\boldsymbol{q}_t$ 上的概率分布。根据日志可知，t 处的真实概率分布为 $\boldsymbol{p}_t$。因此，交叉熵损失定义为

$$\mathcal{L} = \sum_{i=1}^{m} p_t^i \log q_t^i$$

其中 p_t^i 和 q_t^i 分别是项目 i 的预测概率和真实概率。损失函数可以使用标准的小批量随机梯度下降进行优化。

2. 基于 CNN 的方法

一个具有代表性的基于 CNN 的序列推荐方法是卷积序列嵌入推荐模型（convolutional sequence embedding recommendation model, Caser）[182]。其基本思想是将嵌入空间中的交互项目视为"图像"，然后对图像执行二维卷积运算。图 5-5 显示了 Caser 模型的架构。

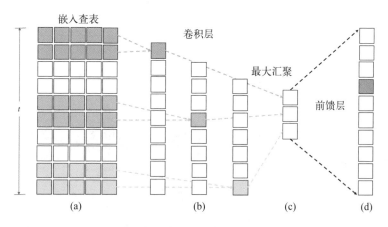

图 5-5　卷积序列嵌入推荐模型（Caser）架构

设 $E \in \mathfrak{R}^{t \times k}$ 是交互项目的嵌入矩阵，其中 t 是交互项目的数量（长度），k 是嵌入向量的维数（宽度）。矩阵的每一行都是项目的嵌入向量。与计算机视觉中的真实图像不同，将卷积运算应用于 E 进行序列推荐存在两个问题。首先，对于不同的用户，"图像"长度 t 可能不同。其次，就嵌入空间的宽度而言，E 可能不像真实图像那样具有空间关系。因此，该模型不适合采用标准的二维卷积核，例如 3×3 或 5×5。

为了解决这两个问题，Caser 引入了"全宽"卷积核和最大汇聚操作。具体来说，卷积运算在 Caser 中，覆盖"图像"序列的整列。也就是说，滤波器的宽度与嵌入矩阵的尺寸相同，并且滤波器的高度会发生变化（参见图 5-5a 中的不同颜色）。结果是不同大小的滤波器会生成不同长度的特征图。为了确保所有特征图大小相同，接下来通过仅提取最大值来对每个特征图执行最大合并操作。如图 5-5b 所示，在最大汇聚之后生成了许多 1×1 特征图。在连接操作（见图 5-5c）和 softmax 层（见图 5-5d）之后，Caser 输出下一项的概率。请注意，除了水平滤波器外，Caser 还使用大小为 t 的垂直滤波器，图 5-5 中未显示。特征图 $1 \times k$ 与其他特征图连接到一起。

实际上，由于最大汇聚操作的缘故，Caser 不适合建模长距离序列或重复序列。为了减轻该问题带来的影响，Caser 采用了一种数据增强方法，通过在原始序列上滑动窗口来创建一组子序列。例如，假设原始序列为 $\{x_1, \cdots, x_{10}\}$，滑动窗口大小为 5，然后生成子序列 $\{x_1, \cdots, x_5\}$，$\{x_2, \cdots, x_6\}, \cdots, \{x_6, \cdots, x_{10}\}$，它们与原始序列一起被输入模型训练。

在 Caser 出现后，研究者提出了几种方法来改进 CNN 框架，以进行长距离序列推荐。其中一个具有代表性的方法是 NextItNet[183]，它与 Caser 有两个不同点：(1) NextItNet 以一种自回归方式对用户序列进行建模，即序列到序列（seq2seq）；(2) NextItNet 利用堆叠扩张的卷积网络层来增大模型的感受野，因此省略了最大汇聚这一步。令 $p(x)$ 为项目序列 $\{x_0,\cdots,x_t\}$ 上的联合分布。根据链式法则，可以将 $p(x)$ 建模为

$$p(x) = \prod_{i=1}^{t} p(x_i \mid x_0,\cdots,x_{i-1},\theta) p(x_0)$$

其中 θ 表示模型参数，$\prod_{i=1}^{t} p(x_i \mid x_0,\cdots,x_{i-1},\theta)$ 表示第 i 个项目 x_i 以所有先前的项目 $\{x_0,\cdots,x_{i-1}\}$ 为条件的发生概率。为了清楚起见，我们比较了 NextItNet 和 Caser 的生成过程：

$$\text{Caser} : \underbrace{\{x_0,x_1,\cdots,x_{i-1}\}}_{\text{输入}} \Rightarrow \underbrace{x_i}_{\text{输出}}$$
$$\text{NextItNet} : \underbrace{\{x_0,x_1,\cdots,x_{i-1}\}}_{\text{输入}} \Rightarrow \underbrace{\{x_1,x_2,\cdots,x_i\}}_{\text{输出}} \tag{5.7}$$

其中，$\Rightarrow$ 表示"预测"。实际上，NextItNet 的最终目标函数是整个输出序列中所有词例损失的组合。因此，NextItNet 通常对批量的大小不敏感。

此外，NextItNet 引入了两种类型的扩张残差块，如图 5-6 所示。对于每个卷积层，将扩张因子乘以 2，然后重复，例如 $\{1,2,4,8,16,\cdots,1,2,4,8,16\}$。这样做可以大范围增大感受野。因此，NextItNet 非常适合对长距离用户序列进行建模，并捕获长距离项目依赖。此外，与 RNN 不同，基于 seq2seq 框架的 CNN 模型面临数据泄露问题，因为将来的数据可以通过神经网络的更高层来观察到。为解决此问题，NextItNet 引入了掩码技术，通过该技术，预测项目本身和将来的项目都对较高层隐藏了。可以通过填充输入序列来简单地实现掩码。

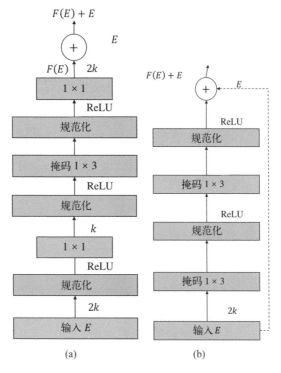

图 5-6 扩张残差块

3. 基于注意力的方法

注意力还可用于从序列交互中学习表示。一个众所周知的方法是基于自注意力的序列推荐（self-attention based sequential recommender, SASRec）[184] 模型。它受 Transformer[72] 的启发，采用自注意力的核心设计，为序列中的项目适应性地分配权重。图 5-7 显示了 SASRec 模型的架构。

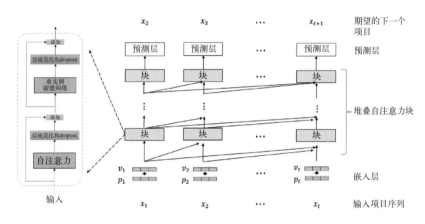

图 5-7 基于自注意力的序列推荐（SASRec）模型架构

令 $E = V + P \in \mathcal{R}^{t \times k}$ 为输入序列的嵌入矩阵，其中每一行代表一个交互过的项目。该嵌入矩阵由两个矩阵组成，V 表示项目的嵌入，P 表示序列中相应项目的位置的嵌入。引入 P 是为了通过项的顺序来增强注意力机制，因为注意力机制本质上并不知道该顺序。然后，E 被送到一个自注意力块组成的栈中，其中每个块都包含两个部分——一个自注意力（SA）层和一个单实例 FFN 层：

$$S^{(l)} = \text{SA}\left(F^{(l-1)}\right), F^{(l)} = \text{FFN}\left(S^{(l)}\right) \tag{5.8}$$

其中 $F^{(0)} = E$。SA 层定义为

$$\text{SA}(F) = \text{Attention}(FW^Q, FW^K, FW^V)$$
$$\text{Attention}(Q, K, V) = \text{softmax}\left(\frac{QK^{\mathrm{T}}}{\sqrt{d}}\right)V \tag{5.9}$$

其中 W^Q、W^K 和 W^V 分别是查询、键和值的权重矩阵。SA 层使用相同的对象 F 作为查询、键和值，通过不同的权重矩阵进行投影，以提高模

型的灵活性。直观上，注意力计算所有值向量的加权总和，其中查询 i 和值 j 之间的权重与查询 i 和键 j 之间的相互作用有关，即 softmax $(\cdot)$ 的结果。分母 $\sqrt{d}$ 是为了避免内积值过大可能导致梯度问题。

单实例 FFN 的形式如下：

$$\mathrm{FFN}(S) = \mathrm{ReLU}(SW_1 + b_1)W_2 + b_2 \tag{5.10}$$

其中 W_1、W_2 和 b_1、b_2 分别是权重和偏差，ReLU 是激活函数。FFN 用于实现非线性并考虑不同潜在维度之间的相互作用。

要注意的另一个问题是，当推荐一个序列的下一个项目时，只有之前的项目是已知的（参见图 5-7）。这是通过禁止 Q_i（第 i 个查询）和 K_j（第 j 个键）之间的链接来实现的（$j > i$），也就是将相应的注意力权重设置为零。网络越深，模型就越难训练。为了解决这个问题，SASRec 在每个 SA 层和 FFN 层上采用了层规范化[210]、dropout[211] 和残差连接[212]：

$$
\begin{aligned}
S^{(l)} &= F^{(l-1)} + \mathrm{Dropout}\Big(\mathrm{SA}\big(\mathrm{LayerNorm}\big(F^{(l-1)}\big)\big)\Big) \\
F^{(l)} &= S^{(l)} + \mathrm{Dropout}\Big(\mathrm{FFN}\big(\mathrm{LayerNorm}\big(S^{(l)}\big)\big)\Big)
\end{aligned}
\tag{5.11}
$$

最后一个自注意力模块的输出用于预测。给定历史项目序列 $\{v_1, v_2, \cdots, v_t\}$，需要基于 $F_t^{(L)}$ 来预测下一个项目，其中 L 是块的数量。目标项目 i 的预测分数为

$$\hat{r}_i = N_j^{\mathrm{T}} F_i^{(L)} \tag{5.12}$$

$N \in \mathcal{R}^{(|I| \times d)}$ 是目标项目的嵌入矩阵，可以进行端到端训练，或与输

入层中的项目嵌入相同。这项工作表明，共享项目嵌入可能是有益的。目标函数是单实例交叉熵损失函数，类似于 Caser：基于子序列 $\{v_1\}$ 预测 v_2，基于子序列 $\{v_1, v_2\}$ 预测 v_3，以此类推。

除了 SASRec 之外，还有另一种基于注意力的用于学习序列交互表示的代表性方法——BERT4Rec[28]。主要区别在于，它需要双向自注意力模型来处理序列，该模型可以利用左（先前）交互和右（未来）交互。可以说，未来的交互对于预测很有用，因为它们也反映了用户的喜好，并且交互顺序可能也用不着特别严格（该顺序是从交互时间戳中推导出的）。为此，可以通过两种方式修改 SASRec：(1) 修改自注意力，以消除 Q_i 和 K_j 上的注意力权重的零约束（$j > i$）；(2) 随机掩码序列中的某些项目，并根据左右交互作用预测掩码的项目，以避免信息泄露。

5.1.3 从多模态内容中学习表示

除了用户 - 项目交互之外，用户和项目还经常与描述性特征相关联，比如类别属性（例如年龄、性别、产品类别）和文本（例如产品描述、用户评论）。此外，在用于图像、视频和音乐等多模态项目的推荐系统中，它们的多模态描述特征很容易获得。利用此类辅助信息有利于学习更好的表示形式，特别是对于稀少的用户和交互很少的项目。本节将回顾神经推荐模型，该模型集成了多模态辅助信息，用于表示学习。表示学习的组件可以被抽象为

$$\phi_u(u) = \text{COMBINE}\left(\boldsymbol{p}_u, f\left(\boldsymbol{F}_u\right)\right)$$
$$\phi_i(i) = \text{COMBINE}\left(\boldsymbol{q}_i, g\left(\boldsymbol{G}_i\right)\right) \tag{5.13}$$

其中 $\boldsymbol{p}_u$ 表示用户 u 从历史互动（例如可以使用 ID 嵌入向量和之前出现

过的嵌入向量）中学习的嵌入，F_u 表示用户 u 的侧面特征（可以是矩阵或矢量），$f(\cdot)$ 是侧面特征的表示学习函数。针对项目，对应符号有 q_i、G_i 和 $g(\cdot)$。COMBINE$(\cdot,\cdot)$ 是一个结合了历史交互嵌入和侧面特征的函数。函数 $f(\cdot)$、$g(\cdot)$ 和 COMBINE$(\cdot,\cdot)$ 都可以实现为深度神经网络。接下来介绍特定的学习方法并将其分为三种类型：从分类属性中学习、从用户评论中学习，以及从多媒体内容中学习。

1. 从分类属性中学习

Xiang Wang 等人 [185] 提出了一个属性敏感的深度 CF 模型，如图 5-8 所示。它将每个分类特征投影到一个嵌入向量中，然后使用用户（项目）ID 嵌入向量执行双向交互汇聚 [22]。最后，将汇聚的用户向量和项目向量合并到一个 MLP 以获得预测分数：

$$\phi_u(u) = \text{BI-Interaction}\left(p_u, \{f_t^u\}_{t=1}^{V_u}\right) = \sum_{t=1}^{V_u} p_u \odot f_t^u + \sum_{t=1}^{V_u}\sum_{t'=t+1}^{V_u} f_t^u \odot f_{t'}^u$$

$$\phi_i(i) = \text{BI-Interaction}\left(q_i, \{g_t^i\}_{t=1}^{V_i}\right) = \sum_{t=1}^{V_i} q_u \odot g_t^i + \sum_{t=1}^{V_i}\sum_{t'=t+1}^{V_i} g_t^i \odot g_{t'}^i \quad (5.14)$$

$$\hat{y}_{ui} = \text{MLP}\left(\phi_u(u) \odot \phi_i(i)\right)$$

其中 f_t^u 和 g_t^i 分别表示用户属性和项目属性的嵌入，V_u 和 V_i 分别表示用户 u 和项目 i 的属性数量。双交互汇聚操作考虑了用户 ID 嵌入和属性嵌入之间的所有实例对交互。组合用户表示 $\phi_u(u)$ 和项目表示 $\phi_i(i)$ 通过逐元素积交互作用，随后是用于最终预测的 MLP。这个 MLP 是一个可学习的匹配函数（更多详细信息将在 5.2 节中介绍），也可以用简单的内积代替。这种架构的优点是可以很好地刻画用户（项目）属性之间的交互，以及用户属性与项目属性之间的交叉交互。

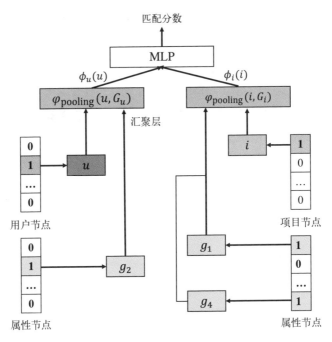

图 5-8 属性敏感的深度 CF 模型架构

Sheng Li 等人 [213] 提出了一种基于正则化的方法来将属性纳入推荐中。背后的想法是，先分别使用两个自编码器，从用户特征和项目特征中学习表示形式，然后在推荐任务中共同训练这些表示形式。可以将自编码器的损失函数视为推荐的正则化项。图 5-9 显示了这种模型架构。左自编码器基于用户特征 X 构建，其中隐藏层 U 作为用户表示，$L(X,U)$ 作为损失函数；右自编码器基于项目特征 Y 构建，其中隐藏层 V 作为项目表示，$L(Y,V)$ 作为损失函数。然后，使用 U 和 V 来重建用户项目评分矩阵 R，以 $l(R,U,V)$ 作为损失函数。通过联合优化三个损失函数 $L(X,U)$、$L(Y,V)$ 和 $l(R,U,V)$ 来训练整个模型。

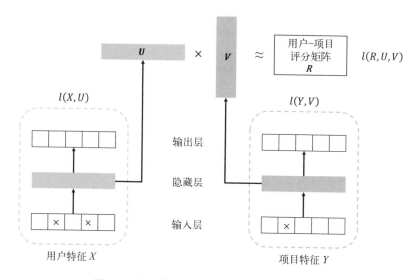

图 5-9　另一种属性敏感的深度 CF 模型架构

2. 从用户评论中学习

在推荐系统中，用户的在线购买决策通常会深受其他用户评论影响。近年来的研究发现，利用评论中的信息不仅可以帮助推荐系统提高准确性，还可以增强推荐系统中的可解释性。

作为代表性研究之一，Lei Zheng 等人[186] 提出了一种深度学习模型，用于从用户评论中共同学习项目属性和用户意见，称为深度合作神经网络（deep cooperative neural network, DeepCoNN）。如图 5-10 所示，DeepCoNN 由两个并行的神经网络组成。一个侧重于从评论中学习用户意见（称为 Net_u），另一个侧重于从评论中学习项目属性（称为 Net_i）。这两个网络在最后一层耦合在一起，共同学习。给定用户 u 编写的所有评论，Net_u 首先将评论合并为包含 n 个词的单一文档 $d^u_{1:n}$。然后，将文档表示为词向量矩阵 $V^u_{1:n}$：

$$V_{1:n}^u = \left[\phi\left(d_1^u\right), \phi\left(d_2^u\right), \cdots, \phi\left(d_n^u\right) \right]$$

其中，d_k^u 表示文档 $d_{1:n}^u$ 中的第 k 个词，查找函数 $\phi\left(d_k^u\right)$ 返回输入词 d_k^u 的嵌入，而 c 是嵌入的维度。然后，使用一维卷积将评论总结为表示向量 $\boldsymbol{x}_u$：

$$\boldsymbol{x}_u = \mathrm{Net}_u\left(d_{1:n}^u\right) = \mathrm{CNN}\left(V_{1:n}^u\right)$$

类似地，给定项目 i 的所有评论，Net_i 还将评论合并到包含 m 个词的单个文档 $d_{1:m}^i$ 中，创建词向量的矩阵 $V_{1:m}^i$，并使用一维卷积将评论总结成一个表示向量：

$$\boldsymbol{x}_i = \mathrm{Net}_i\left(d_{1:m}^i\right) = \mathrm{CNN}\left(V_{1:m}^i\right)$$

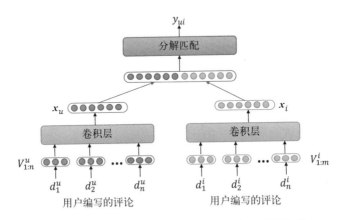

图 5-10　深度合作神经网络（DeepCoNN）模型架构

用户 u 和项目 i 的最终匹配分数是基于两个表示向量计算的。具体来说，$\boldsymbol{x}_u$ 和 $\boldsymbol{x}_i$ 连接成一个向量 $\boldsymbol{z} = \left[\boldsymbol{x}_u^{\mathrm{T}}, \boldsymbol{x}_i^{\mathrm{T}}\right]^{\mathrm{T}}$ 并使用分解机（FM）计算分数：

$$y_{ui} = w_0 + \sum_{k=1}^{|z|} w_k z_k + \sum_{k=1}^{|z|} \sum_{l=k+1}^{|z|} w_{kl} z_k z_l$$

其中 w_0、w_k 和 w_{kl} 是 FM 的参数。

Chong Chen 等人[187] 指出，像 DeepCoNN 那样将用户评论简单地连接到一起，意味着将有用的评论和没有用的评论一同处理。为了解决该问题，他们提出了带有评论级解释的神经注意力回归（neural attention regression with review-level explanation, NARRE）模型，该模型为评论分配权重，并强调评论应言之有物。

NARRE 模型架构如图 5-11 所示。具体来说，给定针对项目 i 编写的所有 m 条评论，这些评论首先要转换为矩阵 $V_{i,1}, V_{i,2}, \cdots, V_{i,m}$。然后将矩阵发送到卷积层，获得特征向量 $O_{i,1}, O_{i,2}, \cdots, O_{i,m}$。之后，利用基于注意力的汇聚层来汇总有用的评论以表示项目 i。第 i 个项目的第 l 个评论的注意力权重定义为

$$a_{i,l} = \frac{\exp\left(a_{il}^*\right)}{\sum_{k=1}^{m} \exp\left(a_{ik}^*\right)}$$

其中 a_{il}^* 是注意力权重：

$$a_{il}^* = \boldsymbol{h}^{\mathrm{T}} \mathrm{ReLU}\left(\boldsymbol{W}_O O_{i,l} + \boldsymbol{W}_u u_{il} + \boldsymbol{b}_1\right) + b_2$$

其中 u_{il} 是撰写第 l 条评论的用户嵌入，$\boldsymbol{W}_O$、$\boldsymbol{W}_u$、$\boldsymbol{h}$、$\boldsymbol{b}_1$ 和 b_2 是模型参数。项目 i 的最终表示形式为

$$\boldsymbol{x}_i = \boldsymbol{W}_0 \sum_{l=1}^{m} a_{i,l} O_{i,l} + \boldsymbol{b}_0$$

其中 W_0 和 b_0 是模型参数。给定用户 u 编写的所有 m 条评论，用类似的方式计算其表示（表示为 x_u）。

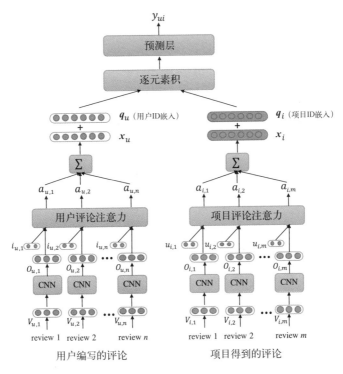

图 5-11 带有评论级解释的神经注意力回归（NARRE）模型架构

在 NARRE 中，扩展的潜在因子模型用作预测层，以计算最终的用户项目匹配分数：

$$y_{ui} = w_1^{\mathrm{T}} \left(\left(q_u + x_u \right) \odot \left(p_i + x_i \right) \right) + b_u + b_i + \mu$$

其中 $\odot$ 表示逐元素积，q_u 和 p_i 分别表示用户偏好和项目特征，w_1 是权重向量，b_u、b_i 和 μ 分别是用户偏差、项目偏差和全局偏差。

3. 从多媒体内容中学习

众所周知，CNN 是一种从图像和视频等多媒体内容中提取特征的有效方法，并且广泛用于多媒体推荐。这方面的早期工作之一是视觉贝叶斯个性化排名（visual Bayesian personalized ranking, VBPR）[189]，它使用 Deep CNN 从每个产品 i 的图像中提取 4096 维特征向量 g_i。由于 g_i 的维数高于协同过滤中嵌入的维数，通常为数百个，因此 VBPR 将 g_i 投影到具有特征变换矩阵 E 的嵌入空间中，即 $\theta_i = Eg_i$。然后，将 θ_i 与项目 ID 嵌入 q_i 连接起来，以形成最终的项目表示。最后用内积将项目表示与用户表示进行交互，得到预测分数，即 $\hat{y}_{ui} = \phi_u(u)^T [q_i, Eg_i]$。请注意，为清楚起见，此处省略了偏置项。该模型是通过实例对 BPR 损失函数学习的。

值得注意的是，在 VBPR 中，Deep CNN 作为特征提取器进行了预训练，在推荐训练期间不会更新。由于 Deep CNN 通常是从 ImageNet 这样的通用图像数据库中训练出来的，因此它可能不适合服装推荐这样的任务。为了解决这个问题，研究者提出了如下三种解决方案。

❑ 针对基于内容的图像推荐，Chenyi Lei 等人[190]提出了比较深度学习（comparative deep learning, CDL）方法。它并非将 Deep CNN 的参数固定，而是在训练中更新它们。目标函数是为推荐量身定制的，更具体地说，是基于用户交互的实例对 BPR 损失的变体。由于整个模型是以端到端方式训练的，因此 Deep CNN 提取的特征更适合推荐任务。一项新近的工作采用了对抗性训练，并以类似的方式学习了 Deep CNN 参数和推荐参数[214]。然而，由于用户 – 项目交互的数量通常远远大于图像数据库中标记实例的数量，因此该解决方案可能训练时间较长。

- Rex Ying 等人[20] 提出的用于图像推荐的 PinSage，以及 Yinwei Wei 等人[191] 提出的用于微视频推荐的 MMGCN，这两个模型背后的想法相一致——使用图卷积网络在用户 - 项目交互图上细化提取的图像表示。提取的图像表示被视为项目节点的初始特征，通过图卷积操作在交互图上传播。由于交互图结构包含用户对项目的偏好，尤其是协同过滤信号，因此该方法可以使细化的视觉特征更适合个性化推荐。5.1.4 节将详细介绍它的工作原理。

- 与上述两种使用 Deep CNN 学习整个图像表示的解决方案不同，注意力协同过滤（attentive collaborative filtering, ACF）方法[177] 将图像切割成 49（7 × 7）个区域。它使用一个预训练的 Deep CNN 从每个区域提取特征，并使用一个注意力网络来学习它的权重，其中基本假设是不同的用户可能对图像的不同区域感兴趣。最终将 49 个区域合并，以获得图像表示。由于注意力网络是基于用户 - 项目交互训练的，因此图像表示适用于推荐任务。ACF 框架也可应用于视频推荐，其中一个区域被替换为从视频中采样的帧。

5.1.4 从图数据中学习表示

上述表示学习方法有一个缺点——从用户（项目）的信息中分别学习，而忽略了用户和项目之间的关系。用户 - 项目交互图提供了关于用户和项目关系的丰富信息，项目知识图谱提供了关于项目关系的丰富信息，因此从此类图中学习表示可以克服这一缺点，并有可能提高推荐的准确性。近年来的几项工作试图利用这些信息，并开发了基于图表示学习的推荐系统[19,20,27,194]。用户 - 项目交互被组织为一个二分图，用户之间的社交关系在社交网络中呈现，项目知识（例如项目属性和关系）以知识图谱（又名异构信息网络）的形式表示。这种图结构将用户和项目连接起来，开辟了利用它们之间的高阶关系的可能性，通过它们来获取有意义的模式（例如，协同过滤、社交影响效应和基于知识的推理），并提升它们的表示学习水平。

可以将现有工作分为两组：(1) 端到端学习方法[19,27]，直接学习在节点之间进行信息传播的节点的表示；(2) 两阶段学习方法[194,215]，先将关系提取为三元组或路径，然后使用关系。

1. 端到端学习方法：NGCF

由于用户 - 项目交互可以在二分图中表示，神经图协同过滤（neural graph collaborative filtering, NGCF）[194] 通过将协同过滤（collaborative filtering, CF）信号定义为图中的高阶连接性来重新审视 CF。直观地说，直接连接明确表示了用户和项目——用户的交互项目为用户的偏好提供了支持证据，而项目的关联用户可以被视为项目的特征。此外，高阶连接反映了更复杂的模式——路径 $u_1 \leftarrow i_1 \leftarrow u_2$ 表示用户 u_1 和 u_2 之间的行为相似性，因为两者都与项目 i_1 进行了交互。较长的路径 $u_1 \leftarrow i_1 \leftarrow u_2 \leftarrow i_2$ 表明 u_1 对 i_2 的偏好，因为他 / 她的相似用户 u_2 已经选择了 i_2。图 5-12 显示了这种高阶连接的示例，它反映了用户 - 用户和项目 - 项目的依赖关系。NGCF 旨在将此类信号注入用户和项目的表示中。

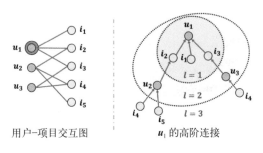

图 5-12 用户 – 项目交互图中的一个高阶连接案例[194]

受到图神经网络（graph neural network, GNN）[20]近年来所获成功的启发，鉴于图神经网络建立在图的信息传播（或消息传递）之上，NGCF 在二分用户 – 项目交互图上执行嵌入传播。图 5-13 给出了它的框架。

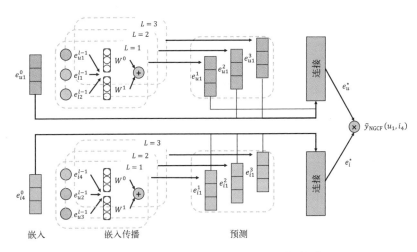

图 5-13 神经图协同过滤（NGCF）模型架构

形式上，图神经网络中的一个图卷积层由两部分组成：(1) 消息构造，定义了从邻居节点传播到当前节点的消息；(2) 消息聚合，聚合从邻居节点传播的消息，以更新当前节点的表示。在第 l 层上的一个广泛使用的实现如下所示：

$$p_u^{(l)} = \rho \left(m_{u \leftarrow u}^{(l)} + \sum_{j \in \mathcal{N}_u} m_{u \leftarrow j}^{(l)} \right), m_{u \leftarrow j}^{(l)} = \alpha_{uj} W^{(l)} q_j^{(l-1)} \tag{5.15}$$

其中 $p_u^{(l)}$ 表示传播 l 层后用户 u 的表示，$\rho(\cdot)$ 是非线性激活函数，$\mathcal{N}_u$ 是 u 的邻居节点集合。$m_{u \leftarrow j}^{(l)}$ 是正在传播的消息，α_{uj} 是在边 (u, j) 上传播的衰减因子，被启发式学习设置为 $1 / \sqrt{|\mathcal{N}_u||\mathcal{N}_j|}$，$W^{(l)}$ 是第 l 层的可学习变换矩阵。如此一来，L 阶连通性被编码到更新后的表示中。此后，NGCF 连接来自不同层的表示——这些表示反映了对用户偏好不同程度的影响——并执行如下预测：

$$f(u, i) = p_u^{*\top} q_i^*, p_u^* = p^{(0)} \| \cdots \| p^{(L)}, q_i^* = q^{(0)} \| \cdots \| q^{(L)} \tag{5.16}$$

其中 $\|$ 表示连接操作。

值得一提的是，MF 和 SVD++ 可以看作 NGCF 的特殊情况——前者没有传播层，后者带有一阶传播层。此外，可以用不同的方式实现图卷积层。例如，SpectralCF[216] 使用谱卷积运算来进行信息传播。GC-MC[217] 将 MLP 与公式 (5.15) 相结合，以刻画非线性和复杂模式。

虽然 NGCF 已经展示了使用交互图结构进行表示学习的优势，但新近的一项研究（LightGCN）[192] 表明，NGCF 中的许多设计是多余的，尤其是非线性特征转换。该研究的主要论点是，在用户 – 项目交互图中，每个节点（用户或项目）仅由一个独热 ID 向量描述，该向量除了作为标识符之外没有任何语义。在这种情况下，执行多层非线性特征变换是神经网络的标准操作，然而这不会带来任何好处。为了验证这一论点，该研究提出了一个名为 LightGCN 的简单模型，模型中仅保留了图卷积中的邻域聚合：

$$p_u^{(l)} = \sum_{i \in \mathcal{N}_u} \frac{1}{\sqrt{|\mathcal{N}_u|}\sqrt{|\mathcal{N}_i|}} q_i^{(l-1)}$$
$$q_i^{(l)} = \sum_{u \in \mathcal{N}_i} \frac{1}{\sqrt{|\mathcal{N}_i|}\sqrt{|\mathcal{N}_u|}} p_u^{(l-1)}$$

(5.17)

其中 $p_u^{(0)}$ 和 $q_i^{(0)}$ 是 ID 嵌入的模型参数。可以看到，LightGCN 去除了非线性特征变换和自连接。在 L 个这样的层聚合高阶邻域之后，LightGCN 将所有层的表示相加，作为一个用户 / 项目的最终表示：

$$p_u^* = \sum_{l=0}^{L} \alpha_l p_u^{(l)}; q_i^* = \sum_{l=0}^{L} \alpha_l q_i^{(l)}$$

(5.18)

其中 α_l 表示第 l 层表示的重要性，这是预先定义的。该研究在理论上证明，求和聚合器包含了图卷积中的自连接。因此，自连接可以安全地从图卷积中移除。在与 NGCF 相同的数据和评估方法下，LightGCN 获得了 15% 左右的相对性能改进，这个数值非常显著。

2. 端到端学习方法：KGAT

除了用户 – 项目交互之外，新近的工作还考虑了知识图谱中项目之间的关系。知识图谱是一种强大的资源，它提供了关于项目的丰富辅助信息（即项目属性和项目关系），其中节点是实体，边表示它们之间的关系。通常知识图谱在异构有向图 $\mathcal{G} = \{(h,r,t)| h,t \in \mathcal{E}, r \in \mathcal{R}\}$ 中组织事实或信念，其中三元组 (h,r,t) 表示存在从头实体 h 到尾实体 t 的关系 r。例如，（*HughJackman, ActorOf, Logan*）陈述了一个事实：休·杰克曼（Hugh Jackman）是电影《金刚狼 3：殊死一战》（Logan）的主演。

知识图谱的使用可以增强项目表示的学习以及用户－项目关系的建模。具体来说，一个实体的直接连接——更具体地说是它的关联三元组——描述了它的特征。例如，可以通过导演、演员和类型来表示一部电影的特征。此外，实体之间的连接，尤其是多跳路径，代表了复杂的关系，并刻画了复杂的关联模式。例如，在电影推荐中，用户连接到《金刚狼3：殊死一战》是因为他们喜欢由同一位演员休·杰克曼主演的电影《马戏之王》。显然，这种联系可以帮助推理看不见的用户－项目交互（即潜在的推荐）。

最后，知识图谱注意力网络（knowledge graph attention network, KGAT）[27] 通过自适应地从高阶连通性的邻域提取信息来扩展 NGCF。NGCF 在边 (h,t) 上传播信息的衰减因子 α_{ht} 是固定的，与此不同的是，KGAT 采用考虑到边 (h,r,t) 的关系 r 的关系注意机制。图 5-14 显示了该模型的架构。注意力嵌入传播层的公式为

$$
\begin{gathered}
\boldsymbol{p}_h^{(l)} = f_1\!\left(\boldsymbol{p}_h^{(l-1)}, \left\{\boldsymbol{m}_{(h,r,t)}^{(l)} \big| (h,r,t) \in \boldsymbol{N}_h\right\}\right) \\
\boldsymbol{m}_{(h,r,t)}^{(l)} = f_2\!\left(\boldsymbol{q}_t^{(l-1)}, \alpha_{(h,r,t)}\right), \alpha_{(h,r,t)} = \frac{\exp g\!\left(\boldsymbol{p}_h, \boldsymbol{e}_{r'}, \boldsymbol{q}_t\right)}{\sum_{h,r',t'} \exp g\!\left(\boldsymbol{p}_h, \boldsymbol{e}_{r'}, \boldsymbol{q}_{t'}\right)}
\end{gathered}
\tag{5.19}
$$

其中 $f_1(\cdot)$ 表示消息聚合函数，它更新头实体 h 的表示。$f_2(\cdot)$ 是注意力消息构造函数，产生从尾实体 t 到头实体 h 的消息。$\alpha(h,r,t)$ 是从注意力网络 $g(\cdot)$ 导出的注意力衰减因子，表示传播了多少信息，并确定了邻居节点对于关系 r 的重要性。在建立表示之后，KGAT 使用与公式 (5.16) 相同的预测模型来估计用户采用项目的可能性。

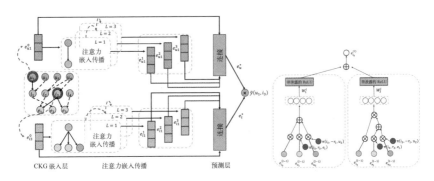

图 5-14 知识图谱注意力网络（KGAT）模型架构。左边子图说明了整体模型框架，右边子图说明了 KGAT 中的图卷积操作

3. 两阶段学习方法：KPRN

除了端到端建模以增强具有高阶连接性的表示学习外，一些工作 [194,215] 引入了元路径或路径来直接细化用户和项目之间的相似性。具体而言，模型首先定义元路径模式 [215] 或提取合格路径 [194]，然后将它们输入监督学习模型中以预测分数。这种方法可以表述如下。给定用户 u，目标项目 i，以及连接 u 和 i 的一组路径 $\mathcal{P}(ui) = \{p_1, \cdots, p_K\}$，它们的匹配分数为 $f(u, i \mid \mathcal{P}(u, i))$。

其中，知识路径循环网络（knowledge path recurrent network, KPRN）是一个具有代表性的模型 [194]，如图 5-15 所示。给定实体之间的路径，KPRN 使用像 LSTM 这样的循环网络对路径上的元素进行编码，以捕获实体和关系的组合语义。此后，KPRN 利用汇聚层将多个路径表示组合成一个向量，然后将其输入 MLP 以获得用户－项目对的最终分数。形式上，预测模型定义为

$$x_k = \text{LSTM}\left(\left[\,\boldsymbol{p}_{h_1} \parallel \boldsymbol{e}_{r_1}, \cdots, \boldsymbol{p}_{h_L} \parallel \boldsymbol{e}_{r_L}\,\right]\right)$$

$$f(u,i) = \text{MLP}\left(\sum_{k \in \mathcal{P}_{(u,i)}} x_k\right) \tag{5.20}$$

其中 $p_k = [h_1, r_1, \cdots, h_L, r_L]$ 是第 k 个路径，(h_l, r_l, h_{l+1}) 是 p_k 中的第 l 个三元组，L 表示三元组数。因此，KPRN 可以使用 LSTM 模型来利用知识图谱上的顺序信息，并增强推荐模型的解释能力，从而揭示做出推荐的原因。

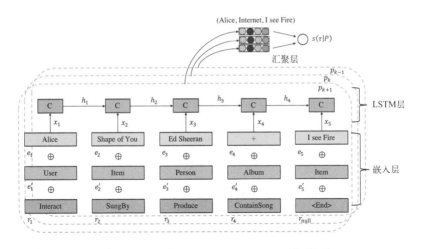

图 5-15　知识路径循环网络（KPRN）模型架构

5.2　基于匹配函数学习的匹配

匹配函数输出用户和项目之间的匹配分数，用户－项目交互信息作为输入，以及可能的辅助信息，包括用户属性、项目属性、上下文等。

我们根据匹配函数的输入将方法分为两种类型——双向匹配（仅提供用户信息和项目信息）和多向匹配（还提供其他辅助信息）。

5.2.1 双路匹配

传统的潜在空间模型计算用户和项目之间的内积或余弦相似性以获得匹配分数。然而，这种简单的匹配方式在模型表达能力上存在局限性。例如，Xiangnan He 等人[17]表明，由于无法维持三角不等式，它可能会导致较大的排序损失[200]。因此，有必要开发更复杂和更具表现力的匹配函数。我们沿着这条线将现有工作分为两类：相似性学习方法和度量学习方法。

1. 相似性学习方法

神经协同过滤（neural collaborative filtering, NCF）[17]利用通用神经网络框架进行协同过滤。背后的想法是在用户嵌入和项目嵌入之上放置一个多层神经网络来学习它们的交互分数：

$$f(u,i) = F\big(\phi_u(u), \phi_i(i)\big)$$

其中 F 是需要被指定的交互神经网络，$\phi_u(u)$ 和 $\phi_i(i)$ 分别表示用户 u 和项目 i 的嵌入。研究者在 NCF 框架下提出了如下几个实例。

❑ 多层感知机（multi-layer perception, MLP）。一种直接的方法是将 MLP 堆叠在用户嵌入和项目嵌入的连接之上，利用非线性建模能力来学习交互函数：$F\big(\phi_u(u), \phi_i(i)\big) = \text{MLP}\big(\big[\phi_u(u), \phi_i(i)\big]\big)$。虽然理论上是合理的（因为 MLP 在理论上可以逼近任何连续函数），但该方法在实践中表现不佳，并且大多数时候不如简单的

MF 模型 [17]。正如 Alex Beutel 等人 [181] 所揭示的那样，关键在于 MLP 实际上很难学习乘法运算，但乘法运算对于协同过滤中的交互建模非常重要（对应于用户 – 项目交互矩阵的低秩假设）。因此，在匹配网络中明确表达乘法或类似运算效果非常重要。

❑ 广义矩阵分解（generalized matrix factorization, GMF）。为了在 NCF 框架下推广 MF，NCF 的作者首先计算用户嵌入和项目嵌入的逐元素积，然后输出具有全连接层的预测分数：$F\big(\phi_u(u), \phi_i(i)\big) = \sigma\Big(\boldsymbol{w}^{\mathrm{T}}\big(\big[\phi_u(u) \odot \phi_i(i)\big]\big)\Big)$。$\boldsymbol{w}$ 是该层的可训练权重向量，它为不同维度的交互分配不同的权重。将 $\boldsymbol{w}$ 固定为一个全为 1 的向量 1 可以完全恢复 MF 模型。因此，原则上 GMF 可以获得比 MF 更好的性能（注意损失函数的选择可能会影响结果）。进一步将 MLP 堆叠在 GMF 的逐元素积之上也很合理，这是解决 MLP 无法进行乘法学习的自然方法。这种方法出现在 Yongfeng Zhang 等人 [218] 的工作中并表现出良好的性能。

❑ 神经矩阵分解（neural matrix factorization, NeuMF）。MLP 的使用可以给交互函数引入非线性。为了用 MLP 充实 GMF 并结合两者的优势，NCF 的作者提出了一个集成模型，如图 5-16 所示。它为 GMF 和 MLP 使用分离的嵌入集，在投影到最终匹配分数之前连接两个模型的最后隐藏层。该模型具有更高的表示能力，但也很难从头开始训练。根据经验，使用预训练的 GMF 和 MLP 初始化参数会带来更好的性能，在实践中也鼓励这一做法。此外，共享嵌入层也有助于减少参数数量，具体取决于模型设计方式 [208]。

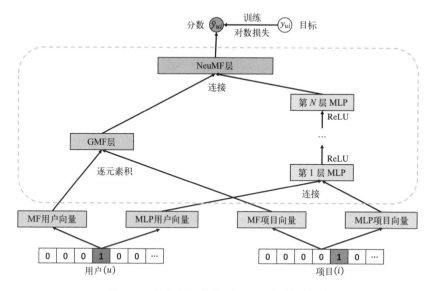

图 5-16　神经矩阵分解（NeuMF）模型架构

❑ 卷积神经协同过滤（convolutional neural collaborative filtering，ConvNCF）。为了明确建模嵌入维度之间的相关性（相互作用），Xiangnan He 等人[197]建议在用户嵌入和项目嵌入上使用外积，然后使用 CNN 分层聚合交互。图 5-17 阐释了该模型。外积的输出是一个二维矩阵，其中第 (k,t) 项是 $\left(p_u \otimes q_i\right)_{kt} = p_{uk} \cdot q_{it}$，刻画第 k 维和第 t 维之间的交互（p_u 和 q_i 表示用户嵌入和项目嵌入）。由于二维矩阵编码嵌入维度之间的实例对交互，因此在其上方堆叠 CNN 可以刻画嵌入维度之间的高阶交互，因为层在矩阵上的位置越高，其感受野就越大。此外，CNN 的参数比 MLP 少，这可能导致难以训练，因此不鼓励采用。

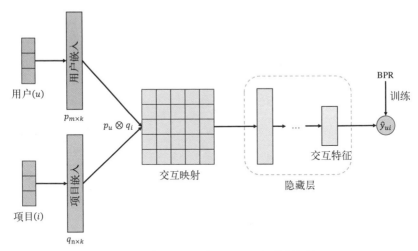

图 5-17 卷积 NCF（ConvNCF）模型架构

2. 度量学习方法

度量学习方法旨在学习和利用距离度量来定量测量数据实例之间的关系。在数学上，距离度量需要满足几个条件，其中三角不等式对于泛化来说是一个重要条件[219]。将度量学习引入推荐的一项早期且具有代表性的工作是协作度量学习（collaborative metric learning, CML）[200]，它指出了由于对三角不等式的不满而使用内积进行协同过滤，以及由此带来的几个限制。结果，它无法捕获更细粒度的用户偏好，以及用户 - 用户和项目 - 项目关系（因为相似性关系不能通过内积正确传播）。然后，该研究为协同过滤制定了一个基本的度量学习框架，并且后来的一些工作[201,202]对其进行了扩展。接下来会简单地介绍一下这些方法。

❑ CML[200]。CML 中的用户 - 项目度量定义为用户嵌入和项目嵌入之间的欧几里得距离：

$$d(u,i) =\| p_u - q_i \| \tag{5.21}$$

其中 p_u 是用户嵌入向量，q_i 是项目嵌入向量，$d(u,i)$ 是用户 u 和项目 i 之间的距离，距离越小就越相似。学习和利用该度量的一个优点是可以传播实例之间的相似性。例如，如果已知"p_u 与 q_i、q_j 都相似"，那么学习到的度量不仅会使 p_u 更接近 q_i 和 q_j，还会使 q_i 和 q_j 本身更接近。该属性对于从用户 – 项目交互中捕捉用户 – 用户和项目 – 项目关系非常有用。背后的直觉是用户喜欢的项目比用户不喜欢的其他项目更接近用户偏好。因此，基于间隔的实例对损失函数定义为

$$L = \sum_{(u,i)\in D^+} \sum_{(u,j)\in D^-} w_{ui}\Big[\delta + d(u,i)^2 - d(u,j)^2 \Big]_+ \tag{5.22}$$

其中 i 表示 u 喜欢的项目，j 表示 u 不喜欢的项目，$\delta > 0$ 是预定义的间隔大小，$[z]_+ = \max(z,0)$ 表示合页损失函数，w_{ui} 是预定义的训练实例的权重。该研究提出了几个额外的约束来提高学习度量的质量，包括用户嵌入的界限和单位球内的项目嵌入（即 $\|p_*\| \leqslant 1$ 和 $\|q_*\| \leqslant 1$），以及一个正则化器，用于对学习度量的维度进行去相关。推荐读者阅读原始论文以了解更多详细信息[200]。

❑ 基于平移的推荐（translation-based recommendation, TransRec）[201]。TransRec 可以看作 CML 对下一个项目推荐的扩展，它通过对用户、之前访问的项目和下一个要访问的项目之间的三阶交互进行建模来解释用户的顺序行为[213]。背后的想法是，用户被表示为一个"平移向量"，将前一项平移成下一项，即 $q_j + p_u \approx q_i$。实现平移的距离度量是

$$d\left(\boldsymbol{q}_j + \boldsymbol{p}_u, \boldsymbol{q}_i\right) = \left\|\boldsymbol{q}_j + \boldsymbol{p}_u - \boldsymbol{q}_i\right\| \tag{5.23}$$

其中所有嵌入向量重新缩放至单位长度内。然后，该研究估计用户在推荐中进行从项目 j 平移到项目 i 的可能性为

$$\text{prob}(i \mid u, j) = \beta_i - d\left(\boldsymbol{q}_j + \boldsymbol{p}_u, \boldsymbol{q}_i\right) \tag{5.24}$$

其中 β_i 是用于刻画项目流行度的偏差项。TransRec 模型是通过实例对 BPR 损失函数来学习的。与 CML 相比，TransRec 考虑了前一项以及它与下一项之间的平移关系。一项新近的研究通过对多个先前的项目和与它们的高阶交互进行建模来扩展 TransRec。[220]

❑ 潜在关系度量学习（latent relational metric learning, LRML）[202]。
LRML 通过进一步学习用户和下一个项目之间的关系来改进 TransRec。这种度量的一个优点是更具几何上的灵活性。LRML 的度量是

$$d(u, i) = \left\|\boldsymbol{p}_u + \boldsymbol{r} - \boldsymbol{q}_i\right\| \tag{5.25}$$

其中 $\boldsymbol{r}$ 是要学习的潜在关系向量。LRML 不是为所有用户 – 项目对学习一个统一的 $\boldsymbol{r}$，而是将其参数化为对外部记忆向量的注意力加和。图 5-18 显示了该模型的架构。设外部记忆向量为 $\{\boldsymbol{m}_t\}_{t=1}^{\mathrm{T}}$，记忆向量的键为 $\{\boldsymbol{k}_t\}_{t=1}^{\mathrm{T}}$，两者都是要学习的模型无关参数。关系向量 $\boldsymbol{r}$ 被参数化为

$$\begin{aligned} \boldsymbol{r} &= \sum_{t=1}^{M} a_t \boldsymbol{m}_t \\ a_t &= \text{softmax}\left(\left(\boldsymbol{p}_u \odot \boldsymbol{q}_i\right)^{\mathrm{T}} \boldsymbol{k}_t\right) \end{aligned} \tag{5.26}$$

其中 a_t 是注意力网络生成的记忆 $\boldsymbol{m}_t$ 的注意力权重，它采用用户

嵌入和作为输入的项目嵌入之间的交互。通过这种方式，关系向量是用户 – 项目交互感知的，这增加了度量的几何灵活性。该模型是通过优化实例对合页损失来学习的，这与 CML 中的相同。

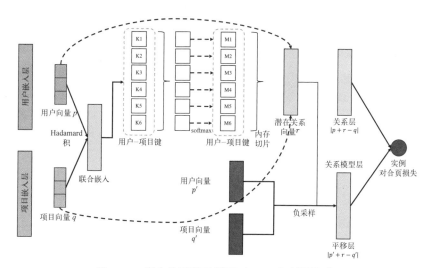

图 5-18　潜在关系度量学习（LRML）模型架构

5.2.2　多路匹配

多路匹配方法是通用的基于特征的方法，就像 FM 模型以特征为输入，并在匹配函数中加入特征交互一样。这些方法允许使用任何类型的辅助信息和上下文。然而，与双向匹配和基于表示学习的方法相比，它们可能具有更高的复杂性。因此，它们更常用于排序阶段而不是候选检索阶段，例如点击率预测。

特征交互建模旨在捕获交叉特征效应，即来自多个特征的信号。例如，20~25 岁（特征 1）的女性（特征 2）用户更有可能购买粉色 iPhone（特征 3）。捕获这种效应的一个简单的解决方案是手动构建交叉特征，将它们输入一个线性模型，该模型可以学习和记忆交叉特征的重要性[203]。问题是它只能记住（在训练数据中）见过的交叉特征，并不能泛化到没见过的交叉特征。此外，交叉特征的数量随着交叉的阶数呈多项式增加。因此，要用领域知识来选择有用的交叉特征，而不是使用所有的交叉特征。因此，我们需要更有效和更高效的特征交互建模技术。接下来根据特征交互的建模方式将现有工作分为三种类型：隐式交互建模、显式交互建模，以及显式隐式组合交互建模。

1. 隐式交互建模

在 2016 年的 Recsys 会议上，YouTube 团队展示了一个用于 YouTube 推荐的深度神经网络模型[171]。它将每个分类特征投影为一个嵌入向量（对于像已观看项目这样的序列特征，它执行平均汇聚以获得一个序列嵌入向量）。然后它连接所有嵌入，将连接的向量馈送到三层 MLP 以获得最终预测。MLP 有望学习特征嵌入之间的相互作用，因为它在逼近任何连续函数方面具有强大的表示能力。然而，特征交互建模是一个相当隐式的过程，因为交互是在 MLP 的隐藏单元中编码的，并且在模型训练后无法确定哪些交互对于预测很重要。此外，MLP 实际上很难学习乘法效应[181]，而乘法对于捕获交叉特征很重要。

这种简单的架构成为利用深度神经网络进行推荐的开创性工作，后来的许多工作对其进行了扩展。例如，Wide&Deep[203] 将深度模型（即深部）与线性回归模型（即宽部）集成在一起，其中有包括手动构建的交叉特征在内的复杂特征。Deep Crossing[204] 将 MLP 加深到 10 层，每一层之间有剩余连接。正如接下来将介绍的，许多集成模型，如 DeepFM[208] 和 xDeepFM[23]，将深层架构集成到浅层架构中，以通过显式交互建模来增强隐式交互建模。

2. 显式交互建模

FM 是执行二阶交互建模的传统模型（2.4.3 节中介绍过该模型）。具体来说，它将每个非零特征 x_i 投影到嵌入 $\boldsymbol{v}_i$ 中，对每对非零特征嵌入执行内积运算，并对所有内积求和（为清楚起见，此处省略了一阶线性回归部分）。由于其有效性的缘故，FM 在神经网络框架下进行了扩展，用于显式交互建模。

图 5-19 显示了神经因子分解机（neural factorization machine, NFM）模型 [22]。背后的想法是用元素乘积替换内积，它输出一个向量而不是一个标量，然后在逐元素积的总和之上堆叠一个 MLP。NFM 中的核心操作称为双向交互汇聚（bi-interaction pooling），定义如下：

$$f_{\mathrm{BI}}\left(\mathcal{V}_x\right) = \sum_{i=1}^{n} \sum_{j=i+1}^{n} x_i \boldsymbol{v}_i \odot x_j \boldsymbol{v}_j \tag{5.27}$$

其中 x_i 表示特征 i 的值，$\mathcal{V}_x$ 表示非零特征的嵌入集合，n 表示非零特征的数量。双向交互汇聚得到的向量编码了二阶交互。通过在其上方堆叠 MLP，该模型具有学习高阶特征交互的能力。

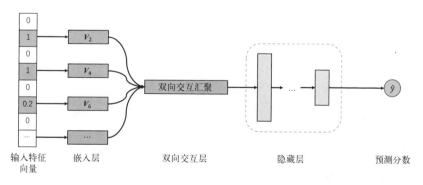

图 5-19 神经因子分解机（NFM）模型架构

FM 和 NFM 的一个问题是，所有二阶交互都被认为是同等重要的，并且它们对推荐预测的贡献是平等的。为了解决这个问题，研究者提出了注意力分解机（attentional factorization machine, AFM）[205] 来区分与注意力网络交互的重要性。图 5-20 显示了 AFM 的架构，其中输入层和嵌入层与标准 FM 中的相同。实例对交互层对每对特征嵌入进行逐元素积，得到交互向量。这一步和 FM 和 NFM 中的步骤对等。注意力网络将每个交互向量 $\boldsymbol{v}_i \odot \boldsymbol{v}_j$ 作为输入，输出具有两层 MLP 的重要性权重 a_{ij}。然后，模型使用重要性权重对每个交互向量进行重新加权，并将所有交互向量相加得到最终得分。AFM 的公式为

$$\hat{y}_{\mathrm{AFM}}\left(\boldsymbol{x}\right) = \boldsymbol{p}^{\mathrm{T}} \sum_{i=1}^{n} \sum_{j=i+1}^{n} a_{ij} \left(\boldsymbol{v}_i \odot \boldsymbol{v}_j\right) x_i x_j$$

$$\text{其中} \quad a_{ij} = \mathrm{softmax}\left(\boldsymbol{h}^{\mathrm{T}} \mathrm{MLP}\left(\boldsymbol{v}_i \odot \boldsymbol{v}_j\right)\right)$$

(5.28)

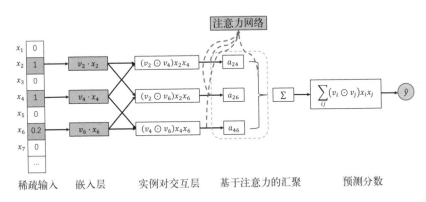

图 5-20 注意力分解机（AFM）模型架构

注意力权重 a_{ij} 可用于解释每个二阶交互对预测的重要性。通过将 MLP 附加到基于注意力的汇聚层上，可以直接进一步利用 NFM 在高阶交互建模中的优势，以及 AFM 在二阶交互建模中的优势。这自然会导

致产生 Deep AFM，它具有更好的表示能力，性能也可能会更好。新近的一项工作提出了一种高阶注意力 FM（HoAFM）[206]，它在阶的大小上具有线性复杂性。

正交于 FM 的相关工作，Jianxun Lian 等人[23]提出了压缩交互网络（compressed interaction network, CIN），它以一种递归方式明确地模拟了高阶特征交互。令非零输入特征的嵌入为矩阵 $V^0 \in R^{n \times D}$，其中 n 是非零特征的数量，D 是嵌入大小，V^0 中的第 i 行是第 i 个非零特征的嵌入向量：$V_{i,*}^0 = v_i$。令 CIN 中第 k 层的输出为矩阵 $X^k \in R^{H_k \times D}$，其中 H_k 表示第 k 层中嵌入向量的数量，是要指定的架构参数（注意 $H_0 = n$）。可以刻画高阶特征交互的 CIN 的递归定义为

$$V_{h,*}^k = \sum_{i=1}^{H_{k-1}} \sum_{j=1}^{n} W_{ij}^{k,h} \left(V_{i,*}^{k-1} \odot V_{j,*}^0 \right) \tag{5.29}$$

其中，$1 \le h \le H_k, W^{k,h} \in R^{H_{k-1} \times n}$ 是第 h 个特征向量的参数矩阵。由于 V^k 是通过 V^{k-1} 和 V^0 之间的交互导出的，因此特征交互的阶数随着层深度的增加而增加。假设模型堆叠了 K 个这样的层，最终的预测是基于输出所有 K 层的矩阵 X^k，将特征交互统一到 K 阶。注意，高阶交互建模的时间复杂度随着阶数的增加呈线性增加，但比高阶 FM 要小。然而，CIN 引入了更多的训练参数——对于第 k 层，它有 H_k 个大小为 $H_{k-1} \times n$ 的可训练权重矩阵，这相当于一个大小为 $H_k \times H_{k-1} \times n$ 的参数张量。

3. 显式隐式组合交互建模

由于隐式交互建模和显式交互建模以不同的方式工作，将它们集成到一个统一的框架中可以提高模型性能。在新近的文献中所报告的最佳性能通过在推荐多重交互模型中混合模型获得[23,208]。本节将简要回顾

集成方法。

Wide&Deep 模型 [203] 集成了一个线性回归模型，该模型利用手动构建的交叉特征（宽部）和一个隐式使用特征交互的 MLP 模型（深部）。宽部记住见过的交叉特征，深部泛化到未见过的交叉特征。令 x 为原始输入特征，$\phi(x)$ 为构建的交叉特征，则预测点击率的模型为

$$p\left(\text{click} \mid x\right) = \sigma\left(w_{\text{wide}}^{\text{T}}\left[x, \phi(x)\right] + w_{\text{deep}}^{\text{T}} a^{(L)} + b\right) \tag{5.30}$$

其中，$\sigma(\cdot)$ 是 sigmoid 函数输出的一个概率值，w_{wide} 表示宽部的权重，w_{deep} 表示深部的权重，$a^{(L)}$ 表示 MLP 模型的最后一个隐藏层，b 是偏置项。

Wide&Deep 启发了许多研究者的后续工作，他们在不同的模型上使用类似的集成方式。例如，DeepFM[208] 通过 $\hat{y}_{\text{DeepFM}} = \sigma\left(y_{\text{FM}} + y_{\text{MLP}}\right)$ 集成了 FM 和 MLP，其中 $\hat{y}_{\text{FM}}$ 和 $\hat{y}_{\text{MLP}}$ 分别表示 FM 和 MLP 的预测。FM 模型显式学习二阶特征交互，MLP 模型隐式学习高阶特征交互。此外，DeepFM 共享 FM 和 MLP 的嵌入层，以减少模型参数。xDeepFM[23] 进一步将 DeepFM 与 CIN 相结合，显式地对高阶特征交互进行建模。此外还有其他种类的集成模型，由于篇幅限制，在此不再赘述。通常的观察结果是，考虑不同类型交互的模型，组合使用通常会产生更好的效果。

5.3　延伸阅读

推荐仍然是信息检索和数据挖掘领域中的一个热门重点话题。新技术不断发展，新方法不断涌现。接下来提供更多参考资料，以供读者进一步阅读。

5.3.1 论文

关于从用户顺序交互中学习表示，新近的一些工作[28]认为用户行为可能没有被严格地形式化为交互序列。也就是说，一个交互序列不一定将强语义编码为一句话，一个记录的序列只反映用户的一个选择，其他选择也是可能的。因此，"从左到右"的训练范式，例如 RNN，可能不是最优的，因其在预测交互时会忽略未来的交互。这些信息也表明了用户的偏好，应该加以利用。未来信息利用的关键问题是如何避免信息泄露。为了应对这一挑战，研究者[28]采用了受 BERT 启发的填空训练范式，它随机掩码编码器中的一些交互，目的是通过编码器本身[28]或附加解码器来预测被掩码的交互。

为了从多模态内容中学习表示，新近的一些工作利用交互图，通过图卷积网络在图上传播多媒体特征[20,191]。通过这种方式，多媒体特征被平滑化，变得对推荐更有用。例如，多模态 GCN（MMGCN）[191]在用户–项目图上构建了一个模态感知 GCN，具有每种模态（视觉、文本和声学）的特征，并融合了每个模态，得到一个微视频的最终表示。关于图数据的表示学习，除了之前描述的用户–项目图和知识图谱以外，社交网络[195]和会话图[221,222]也用于 GCN 的学习。由于图提供了一种描述不同类型实体及其关系的形式化方案，基于异构图的匹配对于不同应用中的推荐系统来说是一种很有前途的解决方案。至于学习用户关于不同项目的动态表示，注意力网络旨在通过评论和图像来学习用户对于项目不同方面的特定偏好[223,224]。

由于实践中推荐场景的多样性，研究人员从不同的角度开发了神经推荐模型。例如，Chen Gao 等人[225]在顺序多任务框架中对多个级联用户行为（如点击、添加到购物车和购买）进行建模。Chenliang Li 等人[188]

开发了一个胶囊网络来识别用户评论中的情绪以进行推荐。Xin Xin 等人[226] 针对基于项目的 CF 考虑了多个项目的关系（如相同类别、共享属性等）。Chen Gao 等人[227] 通过传输用户嵌入而不是原始行为数据，开发了一种用于跨域推荐的隐私保护方法。Feiyang Pan 等人[228] 通过元学习为项目冷启动推荐定制嵌入参数的学习。

上述讨论的所有神经网络模型都是离线推荐方法，利用离线历史数据来估计用户偏好。另一个蓬勃发展的领域是在线推荐，其中基于 bandit 算法的方法很普遍[229,230]。此类研究的目标是在在线推荐中与用户交互时追求开发 – 探索的平衡。两种常见的基于 bandit 算法的方法是基于上置信区间（upper confidence bound, UCB）和基于汤普森采样（Thompson sampling, TS），这两种方法各有利弊。除了通过项目推荐与用户交互之外，新近的工作还考虑询问属性偏好，这可以更有效地找到最相关的项目。神经网络可以作为基于 bandit 算法的方法的开发组件，对于将离线深度模型与在线探索策略相结合，还有更多的研究要做。

5.3.2 基准数据集

有许多基准数据集可用于在不同场景中训练和测试推荐模型。例如，Movie-Lens Collection 和 Gowalla[232] 是由用户 – 项目交互数据组成的基准数据集。Yelp、Ciao 和 Epinions[233] 是额外包含用户之间社交关系的数据集，这对于社交媒体推荐很有用。Yoochoose 和 Diginetica 包含电子商务中的用户点击流，因此适用于基于会话（序列）的推荐。Criteo、Avazu 和 Frappe[234] 由交互的上下文信息组成，广泛用于点击率预测和基于特征的推荐。此外，由于 Yelp 和 TripAdvisor[235] 提供了丰富的用户评论和项目评论，它们被广泛用于基于评论的推荐模型中。此外，还有几个数据集展示了用于推荐的知识图谱，例如 KB4Rec[236] 和 KGAT[27]。

5.3.3 开源软件库

一些用于推荐的开源包或库是公开可用的，目的是促进相关研究。Microsoft Recommenders 提供了数十个用于构建推荐系统的示例模型。NeuRec 是一个开源库，其中包含大量先进的推荐模型，从协同过滤和社交推荐到顺序推荐，不一而足。值得强调的是，NeuRec 是一个模块化框架，其中模型可以建立在具有标准接口的可重用模块上。因此，它允许用户轻松构建自己的模型。同样，OpenRec 是一个包含多种推荐方法的开源项目。

第 6 章
结论和未来研究方向

6.1　总结

　　如何弥合两个匹配实体之间的语义鸿沟是搜索和推荐中最根本和最具挑战性的问题。在搜索中，搜索者和文档的作者可能使用不同的表达方式来表示相同的含义，从而导致最令人不快的结果，即存在相关文档但找不到。在推荐中，用户和物品属于不同类型的实体，并由不同的表面特征表示，使得难以进行特征之间的匹配，从而也难以向用户提供关于物品的令人满意的推荐。为了弥合语义鸿沟，研究人员在搜索和推荐方面都建议使用机器学习技术来构建和利用匹配模型。

　　近年来，深度学习已应用于搜索和推荐，并取得了巨大的成功。本书首先介绍了有关搜索和推荐匹配的统一视图。在这种观点下，本书将搜索查询中的查询文档匹配和推荐中的用户项目匹配的学习解决方案分为两种：表示学习方法，以及匹配函数学习方法。然后详细说明代表性的传统匹配方法以及深度匹配方法。接下来介绍了实验结果、基准测试和软件包。

统一的匹配视图为比较和分析机器学习方法（尤其是深度学习方法）提供了新的手段，具体来说就是那些为搜索和推荐而开发的方法。尽管现有的搜索和推荐匹配模型是针对不同社区（例如 SIGIR 和 RecSys）的不同目的而开发的，但它们具有相似的设计原理和模型属性。

本书所采用的统一视图对社区中的人们会有所助益。实际上，搜索和推荐之间的界限变得模糊，并且出现了将两种范式统一的趋势[6,236]。统一视图为设计新颖的搜索和推荐模型提供了新的视角。可以看到，用于匹配的深度学习已经在搜索和推荐方面取得重大进展。人们还可以预见，它有可能对其他领域的类似问题产生影响，包括在线广告、问题解答、影像批注和药物设计。

6.2　其他任务中的匹配

语义匹配是除搜索和推荐之外的其他任务中的基本问题。由于匹配是在两组对象之间进行的，因此可以将其分类为文本匹配和实体匹配。在文本匹配中，每个对象中的元素（例如句子中的单词）之间存在顺序。查询文档匹配是文本匹配的典型示例。在实体中匹配时，对象之间不存在顺序。推荐中的用户项目匹配是实体匹配的一个示例。人们还研究了其他匹配任务，其中一些列举如下。

- ❑ **复述检测**　确定两个句子是否具有相同含义是语义匹配的重要主题。匹配是在语义级别上进行的，并且学习到的匹配函数是对称的。
- ❑ **社区问答**　给定问题，目标是从社区问答的知识库中找到具有相同含义的问题。任务类似于释义检测，而这两个句子都是问题。两个问题之间的匹配是在语义级别上进行的。

- **文本蕴涵**　文本蕴涵是指确定两个语句之间的隐含关系或非隐含关系的问题。尽管蕴涵与释义检测很相似，但两者的不同之处在于，蕴涵着重于确定两个文本之间的逻辑关系。匹配也应在语义级别进行，并且匹配函数不是对称的。
- **基于检索的对话**　基于检索的对话的一个关键问题是在对话的语境中，根据给定的话语找到最合适的响应。响应通常是一个句子，而话语可以是语境中的一段话语或所有话语（在多轮对话中）。显然，匹配是在语义级别的文本之间进行的。
- **在线广告**　在搜索广告中，如何将用户的搜索查询与广告主的关键字进行匹配，会极大地影响用户看到并点击广告的可能性。在上下文广告语境中，匹配是在关键字和网页内容之间进行的。在搜索广告和上下文广告这两种情况下，语义匹配都有助于选择正确的广告并构建正确的广告显示顺序。

6.3　开放问题和未来发展方向

关于深度匹配的搜索和推荐有很多开放问题有待研究，以下只列出其中一部分。

(1) 缺乏训练数据（即监督学习数据）仍然是研究中的主要问题之一。相反，深度匹配模型需要大量的数据进行训练。如何利用无监督学习、弱监督学习、半监督学习和远程监督学习技术来解决这一问题是一个重要的方向。

(2) 大部分深度匹配模型使用点击数据进行了训练。现有研究表明，直接使用点击数据作为训练信号通常会产生次优的结果。在学习排序中，研究者提出了反事实推理框架以推导无偏学习的排

序模型 [237]。如何解决深度匹配中的偏差问题是一个令人兴奋的未来方向。

(3) 现有的深度匹配模型学习纯粹是数据驱动的。有时，确实存在丰富的先验知识（例如，领域知识、知识库、匹配规则），并且使用它应该有助于改善匹配性能。如何将先验知识整合到匹配模型中是一个重要的探索方向。

(4) 匹配模型通常是通过一个单一目标（即"相似性"）来学习的。根据应用，可能需要在学习中开发多个目标（例如，归纳能力、公平性）。如何在学习过程中增加其他标准匹配模型是有待研究的另一个重要问题。

(5) 在很大程度上，当前的深度匹配模型是黑箱。但在实际的搜索和推荐系统中，通常要求匹配模型不仅要达到很高的准确性，而且还要对结果进行直观的解释。这种解释能力有助于提高系统的透明度、说服力和可信度。如何赋予深度匹配模型相应的解释能力仍然是一个悬而未决的问题。

(6) 大多数深度匹配模型仅从数据中学习相关性。然而，相关性不是因果性，并且仅凭相关性不足以揭示数据背后的原因（例如，用户偏爱某项而不是另一项的原因）。为了增强具有因果推理能力的匹配模型，需要将干预和反事实推理机制纳入模型中 [238]。此外，受许多因素影响，收集的数据通常是有偏差的，例如位置偏差、曝光偏差等。开发因果性匹配的方法是一个新兴的方向，这种方法对各种数据偏差都具有稳健性，并且能够揭示数据背后的原因。

(7) 在搜索和推荐系统中，匹配和排序的过程通常是分开的：先是匹配，然后是排序。因此，匹配结果自然用作排序特征。但是，有时不一定需要将排序和匹配分开。人们自然会问，是否有可能构建一个可以共同学习匹配和排序模型的端到端系统。

(8) 搜索和推荐系统变得越来越具有互动性，可以帮助用户以探索性方式找到相关或有趣的信息。例如，某些搜索引擎允许用户在检查初始结果后优化查询。同样，某些推荐系统会根据用户已选择的项目进行推荐，或询问用户他们喜欢哪种项目属性[239]。因此，如何在交互和对话场景中构建用户系统交互并进行查询 – 文档（或用户 – 项目）匹配是一个重要而有趣的研究主题。

术语缩写表

ACF	attentive collaborative filtering（注意力协同过滤）
ACMR	adversarial cross modal retrieval（对抗跨模态检索）
AE	autoencoder（自编码器）
AFM	attentional factorization machine（注意力分解机）
ARC-II	convolutional matching model II（卷积匹配模型 II）
BERT	bidirectional encoder representations from Transformers（Transformer 的双向编码器表示）
BMF	biased matrix factorization（带偏置的矩阵分解）
CBOW	continuous bag of words（连续词袋）
CDAE	collaborative denoising auto-encoder（协同去噪自编码器）
CDL	comparative deep learning（比较深度学习）
CLSM	convolutional latent semantic model（卷积潜在语义模型）
CML	collaborative metric learning（协作度量学习）
CNN	convolutional neural network（卷积神经网络）
CNTN	convolutional neural tensor network（卷积神经张量网络）
ConvNCF	convolutional neural collaborative filtering（卷积神经协同过滤）
DAE	denoising autoencoder（去噪自编码器）
DeepCoNN	deep cooperative neural network（深度合作神经网络）
DeepMF	deep matrix factorization（深度矩阵分解）
DRMM	deep relevance matching model（深度相关性匹配模型）

DSSM	deep structured semantic model（深度结构化语义模型）
FFN	feedforward neural network（前馈神经网络）
FISM	factored item similarity model（因子项相似性模型）
FM	factorization machine（因子分解机）
GAN	generative adversarial network（生成对抗网络）
GMF	generalized matrix factorization（广义矩阵分解）
KGAT	knowledge graph attention network（知识图谱注意力网络）
K-NRM	kernel based neural ranking model（基于核的神经排序模型）
KPRN	knowledge path recurrent network（知识路径循环网络）
LRML	latent relational metric learning（潜在关系度量学习）
LSTM-RNN	recurrent neural networks with long short-term memory cell（长短期记忆循环神经网络）
MLP	multilayer perceptron（多层感知机）
NAIS	neural attentive item similarity（神经注意力项目相似性）
NARM	neural attentive recommendation machine（神经注意力推荐机）
NARRE	neural attention regression with review-level explanation（带有评论级解释的神经注意力回归）
NCF	neural collaborative filtering（神经协同过滤）
NeuMF	neural matrix factorization（神经矩阵分解）
NFM	neural factorization machine（神经因子分解机）
NGCF	neural graph collaborative filtering（神经图协同过滤）
NVSM	neural vector space model（神经向量空间模型）
PLS	partial least square（偏最小二乘）
RMLS	regularized matching in latent space（潜在空间中的正则匹配）
RNN	recurrent neural network（循环神经网络）
SG	skip gram（跳元模型）
SNRM	standalone neural ranking model（独立神经排序模型）
SSI	supervised semantic indexing（监督语义索引）
TransRec	translation-based recommendation（基于平移的推荐）
VBPR	visual Bayesian personalized ranking（视觉贝叶斯个性化排名）

参考文献

[1]   Garcia-Molina, H., G. Koutrika, and A. Parameswaran (2011). "Information seeking: Convergence of search, recommendations, and advertising". *Communications of the ACM.* 54(11): 121–130.

[2]   Belkin, N. J. and W. B. Croft (1992). "Information filtering and information retrieval: Two sides of the same coin?" *Communications of the ACM.* 35(12): 29–38.

[3]   Adomavicius, G. and A. Tuzhilin (2005). "Toward the next generation of recommender systems: A survey of the state-of-the-art and possible extensions". *IEEE Transactions on Knowledge and Data Engineering.* 17(6): 734–749.

[4]   Zamani, H., J. Dadashkarimi, A. Shakery, and W. B. Croft (2016). "Pseudo-relevance feedback based on matrix factorization". In: *Proceedings of the 25th ACM International on Conference on Information and Knowledge Management. CIKM '16.* Indianapolis, IN, USA: ACM. 1483–1492.

[5]   Costa, A. and F. Roda (2011). "Recommender systems by means of information retrieval". In: *Proceedings of the International Conference on Web Intelligence, Mining and Semantics. WIMS '11.* Sogndal, Norway: ACM. 57:1–57:5.

[6]   Schedl, M., H. Zamani, C.-W. Chen, Y. Deldjoo, and M. Elahi (2018). "Current challenges and visions in music recommender systems research". *International Journal of Multimedia Information Retrieval.* 7(2): 95–116.

[7]   Zamani, H. and W. B. Croft (2018a). "Joint modeling and optimization of search and recommendation". In: *Proceedings of the First Biennial Conference on Design of Experimental Search & Information Retrieval Systems. DESIRES '18.* Bertinoro, Italy: CEUR-WS. 36–41.

[8]   Zamani, H. and W. B. Croft (2020). "Learning a joint search and recommendation model from user-item interactions". In: *Proceedings of the 13th International Conference on Web Search and Data Mining. WSDM '20.* Houston, TX, USA: Association for Computing Machinery. 717–725.

[9]   Li, H. and J. Xu (2014). "Semantic matching in search". *Foundations and Trends in Information Retrieval.* 7(5): 343–469.

[10]   Guo, J., Y. Fan, L. Pang, L. Yang, Q. Ai, H. Zamani, C.Wu, W. B. Croft, and X. Cheng (2019b). "A deep look into neural ranking models for information retrieval". *Information Processing and Management*: 102067.

[11]   Mitra, B. and N. Craswell (2018). "An introduction to neural information retrieval". *Foundations and Trends in Information Retrieval.* 13(1): 1–126.

[12]   Onal, K. D., Y. Zhang, I. S. Altingovde, M. M. Rahman, P. Karagoz, A. Braylan, B. Dang, H.-L. Chang, H. Kim, Q. Mcnamara, A. Angert, E. Banner, V. Khetan, T. Mcdonnell, A. T. Nguyen, D. Xu, B. C. Wallace, M. Rijke, and M. Lease (2018). "Neural information retrieval: At the end of the early years". *Information Retrieval Journal.* 21(2–3): 111–182. issn: 1573-7659.

[13]   Shi, Y., M. Larson, and A. Hanjalic (2014). "Collaborative filtering beyond the user-item matrix: A survey of the state of the art and future challenges". *ACM Computing Surveys.* 47(1): 3:1–3:45.

[14]   Sarwar, B., G. Karypis, J. Konstan, and J. Riedl (2001). "Item-based collaborative filtering recommendation algorithms". In: *Proceedings of the 10th International Conference on World Wide Web. WWW '01.* ACM. 285–295.

[15] Koren, Y., R. Bell, and C. Volinsky (2009). "Matrix factorization techniques for recommender systems". *Computer.* 42(8): 30-37.

[16] Rendle, S., C. Freudenthaler, Z. Gantner, and L. Schmidt-Thieme (2009). "BPR: Bayesian personalized ranking from implicit feedback". In: *Proceedings of the Twenty-Fifth Conference on Uncertainty in Artificial Intelligence. UAI '09.* Montreal, Quebec, Canada: AUAI Press. 452-461.

[17] He, X., L. Liao, H. Zhang, L. Nie, X. Hu, and T.-S. Chua (2017c). "Neural collaborative filtering". In: *Proceedings of the 26th International Conference on World Wide Web. WWW '17.* Perth, Australia. 173-182.

[18] Liang, D., R. G. Krishnan, M. D. Hoffman, and T. Jebara (2018). "Variational autoencoders for collaborative filtering". In: *Proceedings of the 2018 World Wide Web Conference. WWW '18.* Lyon, France: International World Wide Web Conferences Steering Committee. 689-698.

[19] Wang, X., X. He, M. Wang, F. Feng, and T.-S. Chua (2019b). "Neural graph collaborative filtering". In: *Proceedings of the 42nd International ACM SIGIR Conference on Research and Development in Information Retrieval. SIGIR'19.* Paris, France: Association for Computing Machinery. 165-174.

[20] Ying, R., R. He, K. Chen, P. Eksombatchai, W. L. Hamilton, and J. Leskovec (2018). "Graph convolutional neural networks for web-scale recommender systems". In: *Proceedings of the 24th ACM SIGKDD International Conference on Knowledge Discovery & Data Mining. KDD '18.* London, UK: ACM. 974-983.

[21] Rendle, S. (2010). "Factorization machines". In: *Proceedings of the 2010 IEEE International Conference on Data Mining. ICDM '10.* Washington, DC, USA: IEEE Computer Society. 995-1000.

[22] He, X. and T.-S. Chua (2017). "Neural factorization machines for sparse predictive analytics". In: *Proceedings of the 40th International ACM SIGIR*

Conference on Research and Development in Information Retrieval. SIGIR '17. Shinjuku, Tokyo, Japan: ACM. 355−364.

[23] Lian, J., X. Zhou, F. Zhang, Z. Chen, X. Xie, and G. Sun (2018). "xDeepFM: Combining explicit and implicit feature interactions for recommender systems". In: *Proceedings of the 24th ACM SIGKDD International Conference on Knowledge Discovery & Data Mining. KDD '18.* London, UK: ACM. 1754−1763.

[24] Zhou, G., X. Zhu, C. Song, Y. Fan, H. Zhu, X. Ma, Y. Yan, J. Jin, H. Li, and K. Gai (2018). "Deep interest network for click-through rate prediction". In: *Proceedings of the 24th ACM SIGKDD International Conference on Knowledge Discovery & Data Mining. KDD '18.* London, UK: Association for Computing Machinery. 1059−1068.

[25] Batmaz, Z., A. Yurekli, A. Bilge, and C. Kaleli (2019). "A review on deep learning for recommender systems: Challenges and remedies". *Artificial Intelligence Review.* 52(1): 1−37.

[26] Zhang, S., L. Yao, A. Sun, and Y. Tay (2019). "Deep learning based recommender system: A survey and new perspectives". *ACM Computing Surveys.* 52(1): Article 5.

[27] Wang, X., X. He, Y. Cao, M. Liu, and T. Chua (2019a). "KGAT: Knowledge graph attention network for recommendation". In: *Proceedings of the 25th ACM SIGKDD International Conference on Knowledge Discovery & Data Mining, KDD 2019,* Anchorage, AK, USA, August 4−8, 2019. 950−958.

[28] Sun, F., J. Liu, J. Wu, C. Pei, X. Lin, W. Ou, and P. Jiang (2019). "BERT4Rec: Sequential recommendation with bidirectional encoder representations from transformer". In: *Proceedings of the 28th ACM International Conference on Information and Knowledge Management. CIKM '19.* Beijing, China: ACM. 1441−1450.

[29] Bast, H., B. Björn, and E. Haussmann (2016). "Semantic search on text and knowledge bases". *Foundations and Trends in Information Retrieval*. 10(2–3): 119–271.

[30] Kenter, T., A. Borisov, C. Van Gysel, M. Dehghani, M. de Rijke, and B. Mitra (2017). "Neural networks for information retrieval". In: *Proceedings of the 40th International ACM SIGIR Conference on Research and Development in Information Retrieval. SIGIR '17*. Shinjuku, Tokyo, Japan: ACM. 1403–1406.

[31] Li, H. and Z. Lu (2016). "Deep learning for information retrieval". In: *Proceedings of the 39th International ACM SIGIR Conference on Research and Development in Information Retrieval. SIGIR '16*. Pisa, Italy: ACM. 1203–1206.

[32] Croft, W. B., D. Metzler, and T. Strohman (2009). *Search Engines: Information Retrieval in Practice*. 1st Edn. USA: Addison-Wesley Publishing Company. I–XXV, 1–524.

[33] Liu, T.-Y. (2009). "Learning to rank for information retrieval". *Foundations and Trends in Information Retrieval*. 3(3): 225–331.

[34] Ricci, F., L. Rokach, and B. Shapira (2015). *Recommender Systems Handbook*. 2nd Edn. Springer Publishing Company, Incorporated.

[35] Cao, Y., J. Xu, T.-Y. Liu, H. Li, Y. Huang, and H.-W. Hon (2006). "Adapting ranking SVM to document retrieval". In: *Proceedings of the 29th Annual International ACM SIGIR Conference on Research and Development in Information Retrieval. SIGIR '06*. Seattle, Washington, DC, USA: ACM. 186–193.

[36] Joachims, T. (2002). "Optimizing search engines using clickthrough data". In: *Proceedings of the Eighth ACM SIGKDD International Conference on Knowledge Discovery and Data Mining. KDD '02*. Edmonton, Alberta, Canada: ACM. 133–142.

[37] Nallapati, R. (2004). "Discriminative models for information retrieval". In: *Proceedings of the 27th Annual International ACM SIGIR Conference on Research and Development in Information Retrieval. SIGIR '04*. Sheffield, UK: ACM. 64–71.

[38] Li, H. (2011). "Learning to rank for information retrieval and natural language processing". *Synthesis Lectures on Human Language Technologies*. 4(1): 1–113.

[39] Burges, C. J. (2010). "From RankNet to LambdaRank to LambdaMART: An overview". Technical report. MSR-TR-2010-82.

[40] Ai, Q., K. Bi, J. Guo, and W. B. Croft (2018). "Learning a deep listwise context model for ranking refinement". In: *The 41st International ACM SIGIR Conference on Research & Development in Information Retrieval. SIGIR '18*. Ann Arbor, MI, USA: Association for Computing Machinery. 135–144.

[41] Bello, I., S. Kulkarni, S. Jain, C. Boutilier, E. H. Chi, E. Eban, X. Luo, A. Mackey, and O. Meshi (2018). "Seq2Slate: Re-ranking and slate optimization with RNNs". In: *Proceedings of the Workshop on Negative Dependence in Machine Learning at the 36th International Conference on Machine Learning*. Long Beach, CA. PMLR 97, 2019.

[42] Jiang, R., S. Gowal, Y. Qian, T. A. Mann, and D. J. Rezende (2019b). "Beyond greedy ranking: Slate optimization via list-CVAE". In: *7th International Conference on Learning Representations, ICLR 2019*, New Orleans, LA, USA.

[43] Pang, L., J. Xu, Q. Ai, Y. Lan, X. Cheng, and J.-R. Wen (2020). "SetRank: Learning a permutation-invariant ranking model for information retrieval". In: *The 43rd International ACM SIGIR Conference on Research & Development in Information Retrieval. SIGIR '20*. Association for Computing Machinery.

[44] Pei, C., Y. Zhang, Y. Zhang, F. Sun, X. Lin, H. Sun, J. Wu, P. Jiang, J. Ge, W. Ou, and D. Pei (2019). "Personalized re-ranking for recommendation". In: *Proceedings of the 13th ACM Conference on Recommender Systems. RecSys '19*.

Copenhagen, Denmark: Association for Computing Machinery. 3–11.

[45] Wu, W., Z. Lu, and H. Li (2013b). "Learning bilinear model for matching queries and documents". *Journal of Machine Learning Research.* 14(1): 2519–2548.

[46] Rosipal, R. and N. Krämer (2006). "Overview and recent advances in partial least squares". In: *Proceedings of the 2005 International Conference on Subspace, Latent Structure and Feature Selection. SLSFS'05.* Bohinj, Slovenia: Springer-Verlag. 34–51.

[47] Bai, B., J. Weston, D. Grangier, R. Collobert, K. Sadamasa, Y. Qi, O. Chapelle, and K.Weinberger (2009). "Supervised semantic indexing". In: *Proceedings of the 18th ACM Conference on Information and Knowledge Management. CIKM '09.* ACM. 187–196.

[48] Bai, B., J. Weston, D. Grangier, R. Collobert, K. Sadamasa, Y. Qi, O. Chapelle, and K. Weinberger (2010). "Learning to rank with (a lot of) word features". *Information Retrieval.* 13(3): 291–314.

[49] Wu, W., H. Li, and J. Xu (2013a). "Learning query and document similarities from click-through bipartite graph with metadata". In: *Proceedings of the Sixth ACM International Conference on Web Search and Data Mining. WSDM '13.* Rome, Italy: ACM. 687–696.

[50] Kabbur, S., X. Ning, and G. Karypis (2013). "FISM: Factored item similarity models for top-N recommender systems". In: *Proceedings of the 19th ACM SIGKDD International Conference on Knowledge Discovery and Data Mining. KDD '13.* Chicago, IL, USA: ACM. 659–667.

[51] He, X., H. Zhang, M.-Y. Kan, and T.-S. Chua (2016b). "Fast matrix factorization for online recommendation with implicit feedback". In: *Proceedings of the 39th International ACM SIGIR Conference on Research and Development in Information Retrieval. SIGIR '16.* Pisa, Italy: ACM. 549–558.

[52] Koren, Y. (2008). "Factorization meets the neighborhood: A multifaceted collaborative filtering model". In: *Proceedings of the 14th ACM SIGKDD International Conference on Knowledge Discovery and Data Mining. KDD '08.* Las Vegas, NV, USA: ACM. 426–434.

[53] Rendle, S., C. Freudenthaler, and L. Schmidt-Thieme (2010). "Factorizing personalized Markov chains for next-basket recommendation". In: *Proceedings of the 19th International Conference on World Wide Web. WWW '10.* Raleigh, NC, USA: ACM. 811–820.

[54] Brill, E. and R. C. Moore (2000). "An improved error model for noisy channel spelling correction". In: *Proceedings of the 38th Annual Meeting on Association for Computational Linguistics. ACL '00.* Association for Computational Linguistics. 286–293.

[55] Wang, Z., G. Xu, H. Li, and M. Zhang (2011). "A fast and accurate method for approximate string search". In: *Proceedings of the 49th Annual Meeting of the Association for Computational Linguistics: Human Language Technologies – Volume 1. HLT '11.* Portland, OR, USA: Association for Computational Linguistics. 52–61.

[56] Bendersky, M., W. B. Croft, and D. A. Smith (2011). "Joint annotation of search queries". In: *Proceedings of the 49th Annual Meeting of the Association for Computational Linguistics: Human Language Technologies – Volume 1. HLT '11.* Portland, OR, USA: Association for Computational Linguistics. 102–111.

[57] Bergsma, S. and Q. I. Wang (2007). "Learning noun phrase query segmentation". In: *Proceedings of the 2007 Joint Conference on Empirical Methods in Natural Language Processing and Computational Natural Language Learning (EMNLP-CoNLL).* Prague, Czech Republic: Association for Computational Linguistics. 819–826.

[58] Guo, J., G. Xu, H. Li, and X. Cheng (2008). "A unified and discriminative model

for query refinement". In: *Proceedings of the 31st Annual International ACM SIGIR Conference on Research and Development in Information Retrieval. SIGIR '08*. Singapore, Singapore: ACM. 379–386.

[59] Berger, A. and J. Lafferty (1999). "Information retrieval as statistical translation". In: *Proceedings of the 22nd Annual International ACM SIGIR Conference on Research and Development in Information Retrieval. SIGIR '99*. Berkeley, CA, USA: ACM. 222–229.

[60] Gao, J., J.-Y. Nie, G. Wu, and G. Cao (2004). "Dependence language model for information retrieval". In: *Proceedings of the 27th Annual International ACM SIGIR Conference on Research and Development in Information Retrieval. SIGIR '04*. Sheffield, UK: ACM. 170–177.

[61] Hofmann, T. (1999). "Probabilistic latent semantic indexing". In: *Proceedings of the 22nd Annual International ACM SIGIR Conference on Research and Development in Information Retrieval. SIGIR '99*. Berkeley, CA, USA: ACM. 50–57.

[62] Wei, X. and W. B. Croft (2006). "LDA-based document models for adhoc retrieval". In: *Proceedings of the 29th Annual International ACM SIGIR Conference on Research and Development in Information Retrieval. SIGIR '06*. Seattle, Washington, DC, USA: ACM. 178–185.

[63] Yi, X. and J. Allan (2009). "A comparative study of utilizing topic models for information retrieval". In: *Proceedings of the 31th European Conference on IR Research on Advances in Information Retrieval. ECIR '09*. Toulouse, France: Springer-Verlag. 29–41.

[64] Wang, J., A. P. de Vries, and M. J. T. Reinders (2006). "Unifying userbased and item-based collaborative filtering approaches by similarity fusion". In: *Proceedings of the 29th Annual International ACM SIGIR Conference on Research and Development in Information Retrieval. SIGIR '06*. Seattle, Washington, DC, USA: ACM. 501–508.

[65] Eksombatchai, C., P. Jindal, J. Z. Liu, Y. Liu, R. Sharma, C. Sugnet, M. Ulrich, and J. Leskovec (2018). "Pixie: A system for recommending 3+ Billion items to 200+ Million users in real-time". In: *Proceedings of the 2018 World Wide Web Conference on World Wide Web, WWW 2018,* Lyon, France. 1775–1784.

[66] He, X., M. Gao, M.-Y. Kan, and D. Wang (2017b). "BiRank: Towards ranking on bipartite graphs". *IEEE Transactions on Knowledge and Data Engineering.* 29(1): 57–71.

[67] Salakhutdinov, R. and A. Mnih (2007). "Probabilistic matrix factorization". In: *Proceedings of the 20th International Conference on Neural Information Processing Systems. NIPS'07.* Vancouver, British Columbia, Canada: Curran Associates Inc. 1257–1264.

[68] Karatzoglou, A., X. Amatriain, L. Baltrunas, and N. Oliver (2010). "Multiverse recommendation: N-dimensional tensor factorization for context-aware collaborative filtering". In: *Proceedings of the Fourth ACM Conference on Recommender Systems. RecSys '10.* Barcelona, Spain: ACM. 79–86.

[69] He, X., M.-Y. Kan, P. Xie, and X. Chen (2014). "Comment-based multi-view clustering of web 2.0 items". In: *Proceedings of the 23rd International Conference on World Wide Web. WWW '14.* Seoul, South Korea: ACM. 771–782.

[70] Naumov, M., D. Mudigere, H. M. Shi, J. Huang, N. Sundaraman, J. Park, X. Wang, U. Gupta, C. Wu, A. G. Azzolini, D. Dzhulgakov, A. Mallevich, I. Cherniavskii, Y. Lu, R. Krishnamoorthi, A. Yu, V. Kondratenko, S. Pereira, X. Chen, W. Chen, V. Rao, B. Jia, L. Xiong, and M. Smelyanskiy (2019). "Deep learning recommendation model for personalization and recommendation systems". *CoRR.* abs/1906.00091. arXiv: 1906.00091.

[71] Bahdanau, D., K. Cho, and Y. Bengio (2015). "Neural machine translation by jointly learning to align and translate". In: *3rd International Conference on Learning Representations, ICLR 2015,* San Diego, CA, USA.

[72] Vaswani, A., N. Shazeer, N. Parmar, J. Uszkoreit, L. Jones, A. N. Gomez, L. Kaiser, and I. Polosukhin (2017). "Attention is all you need". In: *Advances in Neural Information Processing Systems 30*. Curran Associates, Inc. 5998–6008.

[73] Hinton, G. E. and R. R. Salakhutdinov (2006). "Reducing the dimensionality of data with neural networks". *Science*. 313(5786): 504–507.

[74] Vincent, P., H. Larochelle, Y. Bengio, and P.-A. Manzagol (2008). "Extracting and composing robust features with denoising autoencoders". In: *Proceedings of the 25th International Conference on Machine Learning. ICML '08*. Helsinki, Finland: ACM. 1096–1103.

[75] Ranzato, M. A., Y.-L. Boureau, and Y. LeCun (2007). "Sparse feature learning for deep belief networks". In: *Proceedings of the 20th International Conference on Neural Information Processing Systems. NIPS'07*. Vancouver, British Columbia, Canada: Curran Associates Inc. 1185–1192.

[76] Kingma, D. P. and M. Welling (2014). "Auto-encoding variational Bayes". In: *2nd International Conference on Learning Representations, ICLR 2014*, Banff, AB, Canada, April 14–16, 2014, Conference Track Proceedings.

[77] Masci, J., U. Meier, D. Ciresan, and J. Schmidhuber (2011). "Stacked convolutional auto-encoders for hierarchical feature extraction". In: *Proceedings of the 21th International Conference on Artificial Neural Networks – Volume Part I. ICANN'11*. Espoo, Finland: Springer-Verlag. 52–59.

[78] Mikolov, T., I. Sutskever, K. Chen, G. Corrado, and J. Dean (2013). "Distributed representations of words and phrases and their compositionality". In: *Proceedings of the 26th International Conference on Neural Information Processing Systems – Volume 2. NIPS'13*. Lake Tahoe, Nevada: Curran Associates Inc. 3111–3119.

[79] Pennington, J., R. Socher, and C. Manning (2014). "Glove: Global vectors for

word representation". In: *Proceedings of the 2014 Conference on Empirical Methods in Natural Language Processing (EMNLP)*. Doha, Qatar: Association for Computational Linguistics. 1532–1543.

[80] Le, Q. and T. Mikolov (2014). "Distributed representations of sentences and documents". In: *Proceedings of the 31st International Conference on International Conference on Machine Learning – Volume 32. ICML'14*. Beijing, China: JMLR. II-1188–II-1196.

[81] Peters, M., M. Neumann, M. Iyyer, M. Gardner, C. Clark, K. Lee, and L. Zettlemoyer (2018). "Deep contextualized word representations". In: *Proceedings of the 2018 Conference of the North American Chapter of the Association for Computational Linguistics: Human Language Technologies, Volume 1 (Long Papers)*. New Orleans, LA: Association for Computational Linguistics. 2227–2237.

[82] Radford, A., K. Narasimhan, T. Salimans, and I. Sutskever (2018). "Improving language understanding by generative pre-training". Technical report, OpenAI.

[83] Radford, A., J. Wu, R. Child, D. Luan, D. Amodei, and I. Sutskever (2019). "Language models are unsupervised multitask learners". Technical report, OpenAI.

[84] Devlin, J., M.-W. Chang, K. Lee, and K. Toutanova (2019). "BERT: Pre-training of deep bidirectional transformers for language understanding". In: *Proceedings of the 2019 Conference of the North American Chapter of the Association for Computational Linguistics: Human Language Technologies, Volume 1 (Long and Short Papers)*. Minneapolis, Minnesota: Association for Computational Linguistics. 4171–4186.

[85] Yang, Z., Z. Dai, Y. Yang, J. Carbonell, R. R. Salakhutdinov, and Q. V. Le (2019c). "XLNet: Generalized autoregressive pretraining for language understanding". In: *Advances in Neural Information Processing Systems 32*.

Curran Associates, Inc. 5753–5763.

[86] Mitra, B. and N. Craswell (2019). "Duet at Trec 2019 deep learning track". In: *Proceedings of the Twenty-Eighth Text Retrieval Conference, TREC 2019, Gaithersburg, MD, USA.*

[87] Huang, P.-S., X. He, J. Gao, L. Deng, A. Acero, and L. Heck (2013). "Learning deep structured semantic models for web search using clickthrough data". In: *Proceedings of the 22nd ACM International Conference on Information & Knowledge Management. CIKM '13.* San Francisco, CA, USA: ACM. 2333–2338.

[88] Shen, Y., X. He, J. Gao, L. Deng, and G. Mesnil (2014). "A latent semantic model with convolutional-pooling structure for information retrieval". In: *Proceedings of the 23rd ACM International Conference on Conference on Information and Knowledge Management. CIKM '14.* Shanghai, China: ACM. 101–110.

[89] Hu, B., Z. Lu, H. Li, and Q. Chen (2014). "Convolutional neural network architectures for matching natural language sentences". In: *Advances in Neural Information Processing Systems 27.* Curran Associates, Inc. 2042–2050.

[90] Pang, L., Y. Lan, J. Guo, J. Xu, S. Wan, and X. Cheng (2016b). "Text matching as image recognition". In: *Proceedings of the Thirtieth AAAI Conference on Artificial Intelligence. AAAI'16.* Phoenix, AZ: AAAI Press. 2793–2799.

[91] Xin, X., B. Chen, X. He, D. Wang, Y. Ding, and J. Jose (2019a). "CFM: Convolutional factorization machines for context-aware recommendation". In: *Proceedings of the 26th International Joint Conference on Artificial Intelligence. IJCAI'19.* International Joint Conferences on Artificial Intelligence Organization. 3119–3125.

[92] Mitra, B., F. Diaz, and N. Craswell (2017). "Learning to match using local and distributed representations of text for web search". In: *Proceedings of the 26th International Conference on World Wide Web. WWW '17.* Perth, Australia. 1291–1299.

[93] Gysel, C. V., M. de Rijke, and E. Kanoulas (2018). "Neural vector spaces for unsupervised information retrieval". *ACM Transactions on Information Systems.* 36(4): 38:1−38:25.

[94] Zamani, H., M. Dehghani, W. B. Croft, E. Learned-Miller, and J. Kamps (2018b). "From neural re-ranking to neural ranking: Learning a sparse representation for inverted indexing". In: *Proceedings of the 27th ACM International Conference on Information and Knowledge Management. CIKM '18.* Torino, Italy: Association for Computing Machinery. 497−506.

[95] Qiu, X. and X. Huang (2015). "Convolutional neural tensor network architecture for community-based question answering". In: *Proceedings of the 24th International Conference on Artificial Intelligence. IJCAI'15.* Buenos Aires, Argentina: AAAI Press. 1305−1311.

[96] Nie, Y., A. Sordoni, and J.-Y. Nie (2018). "Multi-level abstraction convolutional model with weak supervision for information retrieval". In: *The 41st International ACM SIGIR Conference on Research & Development in Information Retrieval. SIGIR '18.* Ann Arbor, MI, USA: ACM. 985−988.

[97] Zamani, H., B. Mitra, X. Song, N. Craswell, and S. Tiwary (2018c). "Neural ranking models with multiple document fields". In: *Proceedings of the Eleventh ACM International Conference on Web Search and Data Mining. WSDM '18.* Marina Del Rey, CA, USA: ACM. 700−708.

[98] Yin, W. and H. Schütze (2015). "MultiGranCNN: An architecture for general matching of text chunks on multiple levels of granularity". In: *Proceedings of the 53rd Annual Meeting of the Association for Computational Linguistics and the 7th International Joint Conference on Natural Language Processing (Volume 1: Long Papers).* Beijing, China: Association for Computational Linguistics. 63−73.

[99] Palangi, H., L. Deng, Y. Shen, J. Gao, X. He, J. Chen, X. Song, and R. Ward (2016). "Deep sentence embedding using long shortterm memory networks:

Analysis and application to information retrieval". *IEEE/ACM Transactions on Audio, Speech, and Language Processing*. 24(4): 694–707.

[100] Wan, S., Y. Lan, J. Guo, J. Xu, L. Pang, and X. Cheng (2016a). "A deep architecture for semantic matching with multiple positional sentence representations". In: *Proceedings of the Thirtieth AAAI Conference on Artificial Intelligence. AAAI'16*. Phoenix, AZ: AAAI Press. 2835–2841.

[101] Jiang, J.-Y., M. Zhang, C. Li, M. Bendersky, N. Golbandi, and M. Najork (2019a). "Semantic text matching for long-form documents". In: *The World Wide Web Conference. WWW '19*. San Francisco, CA, USA: Association for Computing Machinery. 795–806.

[102] Tay, Y., A. T. Luu, and S. C. Hui (2018b). "Co-stack residual affinity networks with multi-level attention refinement for matching text sequences". In: *Proceedings of the 2018 Conference on Empirical Methods in Natural Language Processing*. Brussels, Belgium: Association for Computational Linguistics. 4492–4502.

[103] Andrew, G., R. Arora, J. Bilmes, and K. Livescu (2013). "Deep canonical correlation analysis". In: *Proceedings of the 30th International Conference on International Conference on Machine Learning – Volume 28. ICML'13*. Atlanta, GA, USA: JMLR. III-1247–III-1255.

[104] Yan, F. and K. Mikolajczyk (2015). "Deep correlation for matching images and text". In: *2015 IEEE Conference on Computer Vision and Pattern Recognition (CVPR)*. 3441–3450.

[105] Wang, B., Y. Yang, X. Xu, A. Hanjalic, and H. T. Shen (2017a). "Adversarial cross-modal retrieval". In: *Proceedings of the 25th ACM International Conference on Multimedia. MM '17*. Mountain View, CA, USA: ACM. 154–162.

[106] Ma, L., Z. Lu, L. Shang, and H. Li (2015). "Multimodal convolutional neural networks for matching image and sentence". In: *Proceedings of the 2015 IEEE*

International Conference on Computer Vision (ICCV). ICCV '15. Washington, DC, USA: IEEE Computer Society. 2623–2631.

[107] Karpathy, A. and F. Li (2015). "Deep visual-semantic alignments for generating image descriptions". In: *IEEE Conference on Computer Vision and Pattern Recognition, CVPR 2015,* Boston, MA, USA. IEEE Computer Society. 3128–3137.

[108] Wang, X., Q. Huang, A. Celikyilmaz, J. Gao, D. Shen, Y.-F.Wang, W. Y. Wang, and L. Zhang (2019d). "Reinforced cross-modal matching and self-supervised imitation learning for vision-language navigation". In: *The IEEE Conference on Computer Vision and Pattern Recognition (CVPR).*

[109] Guo, J., Y. Fan, Q. Ai, and W. B. Croft (2016). "A deep relevance matching model for ad-hoc retrieval". In: *Proceedings of the 25th ACM International on Conference on Information and Knowledge Management. CIKM '16.* Indianapolis, IN, USA: ACM. 55–64.

[110] Xiong, C., Z. Dai, J. Callan, Z. Liu, and R. Power (2017). "End-to-end neural ad-hoc ranking with kernel pooling". In: *Proceedings of the 40th International ACM SIGIR Conference on Research and Development in Information Retrieval. SIGIR '17.* Shinjuku, Tokyo, Japan: ACM. 55–64.

[111] Parikh, A., O. Täckström, D. Das, and J. Uszkoreit (2016). "A decomposable attention model for natural language inference". In: *Proceedings of the 2016 Conference on Empirical Methods in Natural Language Processing.* Austin, TX: Association for Computational Linguistics. 2249–2255.

[112] Yang, L., Q. Ai, J. Guo, and W. B. Croft (2016). "aNMM: Ranking short answer texts with attention-based neural matching model". In: *Proceedings of the 25th ACM International on Conference on Information and Knowledge Management. CIKM '16.* Indianapolis, IN, USA: ACM. 287–296.

[113] Pang, L., Y. Lan, J. Guo, J. Xu, J. Xu, and X. Cheng (2017a). "Deep-Rank: A new deep architecture for relevance ranking in information retrieval". In: *Proceedings of the 2017 ACM on Conference on Information and Knowledge Management. CIKM '17*. Singapore, Singapore: ACM. 257–266.

[114] Hui, K., A. Yates, K. Berberich, and G. de Melo (2017). "PACRR: A position-aware neural IR model for relevance matching". In: *Proceedings of the 2017 Conference on Empirical Methods in Natural Language Processing*. Copenhagen, Denmark: Association for Computational Linguistics. 1049–1058.

[115] Hui, K., A. Yates, K. Berberich, and G. de Melo (2018). "Co-PACRR: A context-aware neural IR model for ad-hoc retrieval". In: *Proceedings of the Eleventh ACM International Conference on Web Search and Data Mining. WSDM '18*. Marina Del Rey, CA, USA: ACM. 279–287.

[116] Chen, Q., X. Zhu, Z.-H. Ling, S. Wei, H. Jiang, and D. Inkpen (2017b). "Enhanced LSTM for natural language inference". In: *Proceedings of the 55th Annual Meeting of the Association for Computational Linguistics (Volume 1: Long Papers)*. Vancouver, Canada: Association for Computational Linguistics. 1657–1668.

[117] Wang, Z., W. Hamza, and R. Florian (2017c). "Bilateral multi-perspective matching for natural language sentences". In: *Proceedings of the Twenty-Sixth International Joint Conference on Artificial Intelligence, IJCAI-17*. 4144–4150.

[118] Wan, S., Y. Lan, J. Xu, J. Guo, L. Pang, and X. Cheng (2016b). "Match-SRNN: Modeling the recursive matching structure with spatial RNN". In: *Proceedings of the Twenty-Fifth International Joint Conference on Artificial Intelligence. IJCAI'16*. New York, NY, USA: AAAI Press. 2922–2928.

[119] Fan, Y., J. Guo, Y. Lan, J. Xu, C. Zhai, and X. Cheng (2018). "Modeling diverse relevance patterns in ad-hoc retrieval". In: *The 41st International ACM SIGIR Conference on Research & Development in Information Retrieval. SIGIR '18*. Ann Arbor, MI, USA: ACM. 375–384.

[120] Nogueira, R. and K. Cho (2019). "Passage re-ranking with BERT". *CoRR*. abs/1901.04085. arXiv: 1901.04085.

[121] Chen, H., F. X. Han, D. Niu, D. Liu, K. Lai, C. Wu, and Y. Xu (2018b). "MIX: Multi-channel information crossing for text matching". In: *Proceedings of the 24th ACM SIGKDD International Conference on Knowledge Discovery & Data Mining. KDD '18.* London, UK: ACM. 110–119.

[122] Yang, R., J. Zhang, X. Gao, F. Ji, and H. Chen (2019a). "Simple and effective text matching with richer alignment features". In: *Proceedings of the 57th Annual Meeting of the Association for Computational Linguistics.* Florence, Italy: Association for Computational Linguistics. 4699–4709.

[123] Yin, W., H. Schütze, B. Xiang, and B. Zhou (2016). "ABCNN: Attentionbased convolutional neural network for modeling sentence pairs". *Transactions of the Association for Computational Linguistics.* 4: 259–272.

[124] Tay, Y., L. A. Tuan, and S. C. Hui (2018d). "Multi-cast attention networks". In: *Proceedings of the 24th ACM SIGKDD International Conference on Knowledge Discovery & Data Mining. KDD '18.* New York, NY, USA: Association for Computing Machinery. 2299–2308.

[125] Tay, Y., A. T. Luu, and S. C. Hui (2018c). "Hermitian co-attention networks for text matching in asymmetrical domains". In: *Proceedings of the Twenty-Seventh International Joint Conference on Artificial Intelligence, IJCAI-18.* International Joint Conferences on Artificial Intelligence Organization. 4425–4431.

[126] Tan, C., F. Wei, W. Wang, W. Lv, and M. Zhou (2018). "Multiway attention networks for modeling sentence pairs". In: *Proceedings of the 27th International Joint Conference on Artificial Intelligence. IJCAI'18.* Stockholm, Sweden: AAAI Press. 4411–4417.

[127] Gong, Y., H. Luo, and J. Zhang (2018). "Natural language inference over

interaction space". In: *6th International Conference on Learning Representations, ICLR 2018*.

[128] Zhu, M., A. Ahuja, W. Wei, and C. K. Reddy (2019). "A hierarchical attention retrieval model for healthcare question answering". In: *The World Wide Web Conference. WWW '19*. San Francisco, CA, USA: Association for Computing Machinery. 2472–2482.

[129] Dai, Z., C. Xiong, J. Callan, and Z. Liu (2018). "Convolutional neural networks for soft-matching N-grams in ad-hoc search". In: *Proceedings of the Eleventh ACM International Conference on Web Search and Data Mining. WSDM '18*. Marina Del Rey, CA, USA: ACM. 126–134.

[130] Socher, R., D. Chen, C. D. Manning, and A. Y. Ng (2013). "Reasoning with neural tensor networks for knowledge base completion". In: *Proceedings of the 26th International Conference on Neural Information Processing Systems – Volume 1. NIPS'13*. Lake Tahoe, Nevada: Curran Associates Inc. 926–934.

[131] Dehghani, M., H. Zamani, A. Severyn, J. Kamps, and W. B. Croft (2017). "Neural ranking models with weak supervision". In: *Proceedings of the 40th International ACM SIGIR Conference on Research and Development in Information Retrieval. SIGIR '17*. Shinjuku, Tokyo, Japan: Association for Computing Machinery. 65–74.

[132] Hardoon, D. R., S. R. Szedmak, and J. R. Shawe-Taylor (2004). "Canonical correlation analysis: An overview with application to learning methods". *Neural Computation*. 16(12): 2639–2664.

[133] Pang, L., Y. Lan, J. Xu, J. Guo, S.-X. Wan, and X. Cheng (2017b). "A survey on deep text matching". *Chinese Journal of Computers*. 40(4): 985–1003.

[134] Graves, A., S. Fernández, and J. Schmidhuber (2007). "Multi-dimensional recurrent neural networks". In: *Artificial Neural Networks – ICANN 2007*. Berlin, Heidelberg: Springer Berlin Heidelberg. 549–558.

[135] Nogueira, R., W. Yang, K. Cho, and J. Lin (2019). "Multi-stage document ranking with BERT". *CoRR*. abs/1910.14424. arXiv: 1910.14424.

[136] Qiao, Y., C. Xiong, Z. Liu, and Z. Liu (2019). "Understanding the behaviors of BERT in ranking". *CoRR*. abs/1904.07531. arXiv: 1904.07531.

[137] Huang, J., S. Yao, C. Lyu, and D. Ji (2017). "Multi-granularity neural sentence model for measuring short text similarity". In: *Database Systems for Advanced Applications*. Cham: Springer International Publishing. 439–455.

[138] Liu, B., D. Niu, H. Wei, J. Lin, Y. He, K. Lai, and Y. Xu (2019a). "Matching article pairs with graphical decomposition and convolutions". In: *Proceedings of the 57th Annual Meeting of the Association for Computational Linguistics*. Florence, Italy: Association for Computational Linguistics. 6284–6294.

[139] Yang, W., H. Zhang, and J. Lin (2019b). "Simple applications of BERT for ad hoc document retrieval". *CoRR*. abs/1903.10972. arXiv: 1903.10972.

[140] Reimers, N. and I. Gurevych (2019). "Sentence-BERT: Sentence embeddings using siamese BERT-networks". In: *Proceedings of the 2019 Conference on Empirical Methods in Natural Language Processing and the 9th International Joint Conference on Natural Language Processing*. Association for Computational Linguistics. 3982–3992.

[141] Van Gysel, C., M. de Rijke, and E. Kanoulas (2017). "Structural regularities in text-based entity vector spaces". In: *Proceedings of the ACM SIGIR International Conference on Theory of Information Retrieval. ICTIR '17*. Amsterdam, The Netherlands: ACM. 3–10.

[142] Van Gysel, C., M. de Rijke, and E. Kanoulas (2018). "Mix ' N match: Integrating text matching and product substitutability within product search". In: *Proceedings of the 27th ACM International Conference on Information and Knowledge Management. CIKM '18*. Torino, Italy: ACM. 1373–1382.

[143] Van Gysel, C., M. de Rijke, and M. Worring (2016b). "Unsupervised, efficient and semantic expertise retrieval". In: *Proceedings of the 25th International Conference on World Wide Web. WWW '16*. Montral, Qubec, Canada. 1069–1079.

[144] Zamani, H. and W. B. Croft (2017). "Relevance-based word embedding". In: *Proceedings of the 40th International ACM SIGIR Conference on Research and Development in Information Retrieval. SIGIR '17*. Shinjuku, Tokyo, Japan: Association for Computing Machinery. 505–514.

[145] Zamani, H. and W. B. Croft (2016). "Estimating embedding vectors for queries". In: *Proceedings of the 2016 ACM International Conference on the Theory of Information Retrieval. ICTIR '16*. Newark, DE, USA: Association for Computing Machinery. 123–132.

[146] Haddad, D. and J. Ghosh (2019). "Learning more from less: Towards strengthening weak supervision for ad-hoc retrieval". In: *Proceedings of the 42nd International ACM SIGIR Conference on Research and Development in Information Retrieval. SIGIR'19*. Paris, France: Association for Computing Machinery. 857–860.

[147] Zamani, H., W. B. Croft, and J. S. Culpepper (2018a). "Neural query performance prediction using weak supervision from multiple signals". In: *The 41st International ACM SIGIR Conference on Research and Development in Information Retrieval. SIGIR '18*. Ann Arbor, MI, USA: Association for Computing Machinery. 105–114.

[148] Zamani, H. and W. B. Croft (2018b). "On the theory of weak supervision for information retrieval". In: *Proceedings of the 2018 ACM SIGIR International Conference on Theory of Information Retrieval. ICTIR '18*. Tianjin, China: Association for Computing Machinery. 147–154.

[149] Pang, L., Y. Lan, J. Guo, J. Xu, and X. Cheng (2016a). "A study of MatchPyramid models on ad-hoc retrieval". *CoRR*. abs/1606.04648. arXiv: 1606.04648.

[150] Robertson, S., H. Zaragoza, and M. Taylor (2004). "Simple BM25 extension to multiple weighted fields". In: *Proceedings of the Thirteenth ACM International Conference on Information and Knowledge Management. CIKM '04.* Washington, D.C., USA: ACM. 42–49.

[151] Rasiwasia, N., J. Costa Pereira, E. Coviello, G. Doyle, G. R. Lanckriet, R. Levy, and N. Vasconcelos (2010). "A new approach to cross-modal multimedia retrieval". In: *Proceedings of the 18th ACM International Conference on Multimedia. MM '10.* Firenze, Italy: ACM. 251–260.

[152] Hardoon, D. R. and J. Shawe-Taylor (2003). "KCCA for different level precision in content-based image retrieval". *Third International Workshop on Content-Based Multimedia Indexing.* IRISA, Rennes, France. 21-23 Sep 2004.

[153] Karpathy, A., A. Joulin, and L. Fei-Fei (2014). "Deep fragment embeddings for bidirectional image sentence mapping". In: *Proceedings of the 27th International Conference on Neural Information Processing Systems – Volume 2. NIPS'14.* Montreal, Canada: MIT Press. 1889–1897.

[154] Wang, L., Y. Li, and S. Lazebnik (2016). "Learning deep structurepreserving image-text embeddings". In: *2016 IEEE Conference on Computer Vision and Pattern Recognition (CVPR).* Vol. 00. 5005–5013.

[155] Eisenschtat, A. and L. Wolf (2017). "Linking image and text with 2-way nets". In: *2017 IEEE Conference on Computer Vision and Pattern Recognition (CVPR).* 1855–1865.

[156] Liu, Y., Y. Guo, E. M. Bakker, and M. S. Lew (2017). "Learning a recurrent residual fusion network for multimodal matching". In: *2017 IEEE International Conference on Computer Vision (ICCV).* 4127–4136.

[157] Wang, L., Y. Li, J. Huang, and S. Lazebnik (2018b). "Learning twobranch neural networks for image-text matching tasks". *IEEE Transactions on Pattern Analysis and Machine Intelligence*: 1–1.

[158] Balaneshin-Kordan, S. and A. Kotov (2018). "Deep neural architecture for multi-modal retrieval based on joint embedding space for text and images". In: *Proceedings of the Eleventh ACM International Conference on Web Search and Data Mining. WSDM '18*. Marina Del Rey, CA, USA: ACM. 28–36.

[159] Guo, Y., Z. Cheng, L. Nie, X. Xu, and M. S. Kankanhalli (2018). "Multimodal preference modeling for product search". In: *Proceedings of the 26th ACM International Conference on Multimedia*. 1865–1873.

[160] Zheng, Y., Z. Fan, Y. Liu, C. Luo, M. Zhang, and S. Ma (2018b). "Sogou-QCL: A new dataset with click relevance label". In: *The 41st International ACM SIGIR Conference on Research & Development in Information Retrieval. SIGIR '18*. Ann Arbor, MI, USA: ACM. 1117–1120.

[161] Yang, Y., S. W.-T. Yih, and C. Meek (2015). "WikiQA: A challenge dataset for open-domain question answering". In: *Proceedings of the 2015 Conference on Empirical Methods in Natural Language Processing*. ACL – Association for Computational Linguistics.

[162] Cohen, D., L. Yang, and W. B. Croft (2018). "WikiPassageQA: A benchmark collection for research on non-factoid answer passage retrieval". In: *The 41st International ACM SIGIR Conference on Research & Development in Information Retrieval. SIGIR '18*. Ann Arbor, MI, USA: ACM. 1165–1168.

[163] Surdeanu, M., M. Ciaramita, and H. Zaragoza (2011). "Learning to rank answers to non-factoid questions from web collections". *Computational Linguistics*. 37(2): 351–383.

[164] Nguyen, T., M. Rosenberg, X. Song, J. Gao, S. Tiwary, R. Majumder, and L. Deng (2016). "MS MARCO: A human generated Machine Reading COmprehension dataset". In: *Proceedings of the Workshop on Cognitive Computation: Integrating Neural and Symbolic Approaches 2016 Co-Located with the 30th Annual Conference on Neural Information Processing Systems*

(NIPS 2016), Barcelona, Spain.

[165] Dolan, B. and C. Brockett (2005). "Automatically constructing a corpus of sentential paraphrases". In: *Third International Workshop on Paraphrasing (IWP2005)*. Asia Federation of Natural Language Processing.

[166] Bowman, S. R., G. Angeli, C. Potts, and C. D. Manning (2015). "A large annotated corpus for learning natural language inference". In: *Proceedings of the 2015 Conference on Empirical Methods in Natural Language Processing*. Lisbon, Portugal: Association for Computational Linguistics. 632–642.

[167] Guo, J., Y. Fan, X. Ji, and X. Cheng (2019a). "MatchZoo: A learning, practicing, and developing system for neural text matching". In: *Proceedings of the 42nd International ACM SIGIR Conference on Research and Development in Information Retrieval. SIGIR'19*. Paris, France: ACM. 1297–1300.

[168] Pasumarthi, R. K., S. Bruch, X. Wang, C. Li, M. Bendersky, M. Najork, J. Pfeifer, N. Golbandi, R. Anil, and S. Wolf (2019). "TF-ranking: Scalable TensorFlow library for learning-to-rank". In: *Proceedings of the 25th ACM SIGKDD International Conference on Knowledge Discovery & Data Mining. KDD '19*. Anchorage, AK, USA: ACM. 2970–2978.

[169] Yang, P., H. Fang, and J. Lin (2018). "Anserini: Reproducible ranking baselines using lucene". *J. Data and Information Quality*. 10(4): 16:1–16:20.

[170] Xue, H.-J., X. Dai, J. Zhang, S. Huang, and J. Chen (2017). "Deep matrix factorization models for recommender systems". In: *Proceedings of the Twenty-Sixth International Joint Conference on Artificial Intelligence, IJCAI-17*. 3203–3209.

[171] Covington, P., J. Adams, and E. Sargin (2016). "Deep neural networks for YouTube recommendations". In: *Proceedings of the 10th ACM Conference on Recommender Systems*. 191–198.

[172] Elkahky, A. M., Y. Song, and X. He (2015). "A multi-view deep learning approach for cross domain user modeling in recommendation systems". In: *Proceedings of the 24th International Conference on World Wide Web*. Republic and Canton of Geneva, CHE. 278–288.

[173] Sedhain, S., A. K. Menon, S. Sanner, and L. Xie (2015). "AutoRec: Autoencoders meet collaborative filtering". In: *Proceedings of the 24th International Conference on World Wide Web. WWW '15 Companion*. Florence, Italy: ACM. 111–112.

[174] Wu, Y., C. DuBois, A. X. Zheng, and M. Ester (2016b). "Collaborative denoising auto-encoders for top-N recommender systems". In: *Proceedings of the Ninth ACM International Conference on Web Search and Data Mining. WSDM '16*. San Francisco, CA, USA: ACM. 153–162.

[175] Liang, D., R. G. Krishnan, M. D. Hoffman, and T. Jebara (2018). "Variational autoencoders for collaborative filtering". In: *Proceedings of the 2018 World Wide Web Conference. WWW '18*. Lyon, France: International World Wide Web Conferences Steering Committee. 689–698.

[176] He, X., Z. He, J. Song, Z. Liu, Y. Jiang, and T. Chua (2018a). "NAIS: Neural attentive item similarity model for recommendation". *IEEE Transactions on Knowledge and Data Engineering*. 30(12): 2354–2366.

[177] Chen, J., H. Zhang, X. He, L. Nie, W. Liu, and T.-S. Chua (2017a). "Attentive collaborative filtering: Multimedia recommendation with item- and component-level attention". In: *Proceedings of the 40th International ACM SIGIR Conference on Research and Development in Information Retrieval. SIGIR '17*. Shinjuku, Tokyo, Japan: ACM. 335–344.

[178] Hidasi, B., A. Karatzoglou, L. Baltrunas, and D. Tikk (2016). "Session-based recommendations with recurrent neural networks". In: *4th International Conference on Learning Representations, ICLR 2016*, San Juan, Puerto Rico.

[179] Li, J., P. Ren, Z. Chen, Z. Ren, T. Lian, and J. Ma (2017). "Neural attentive session-based recommendation". In: *Proceedings of the 2017 ACM on Conference on Information and Knowledge Management. CIKM '17*. Singapore, Singapore: ACM. 1419–1428.

[180] Wu, C.-Y., A. Ahmed, A. Beutel, A. J. Smola, and H. Jing (2017). "Recurrent recommender networks". In: *Proceedings of the Tenth ACM International Conference on Web Search and Data Mining*. New York, NY, USA. 495–503.

[181] Beutel, A., P. Covington, S. Jain, C. Xu, J. Li, V. Gatto, and E. H. Chi (2018). "Latent cross: Making use of context in recurrent recommender systems". In: *Proceedings of the Eleventh ACM International Conference on Web Search and Data Mining. WSDM '18*. Marina Del Rey, CA, USA: ACM. 46–54.

[182] Tang, J. and K. Wang (2018). "Personalized top-N sequential recommendation via convolutional sequence embedding". In: *Proceedings of the Eleventh ACM International Conference on Web Search and Data Mining. WSDM '18*. Marina Del Rey, CA, USA: Association for Computing Machinery. 565–573.

[183] Yuan, F., A. Karatzoglou, I. Arapakis, J. M. Jose, and X. He (2019). "A simple convolutional generative network for next item recommendation". In: *Proceedings of the Twelfth ACM International Conference on Web Search and Data Mining. WSDM '19*. Melbourne VIC, Australia: Association for Computing Machinery. 582–590.

[184] Kang, W. and J. J. McAuley (2018). "Self-attentive sequential recommendation". In: *IEEE International Conference on Data Mining (ICDM)*, Singapore. 197–206.

[185] Wang, X., X. He, L. Nie, and T.-S. Chua (2017b). "Item silk road: Recommending items from information domains to social users". In: *Proceedings of the 40th International ACM SIGIR Conference on Research and Development in Information Retrieval. SIGIR '17*. Shinjuku, Tokyo, Japan: ACM. 185–194.

[186] Zheng, L., V. Noroozi, and P. S. Yu (2017). "Joint deep modeling of users and items using reviews for recommendation". In: *Proceedings of the Tenth ACM International Conference on Web Search and Data Mining. WSDM '17.* Cambridge, UK: ACM. 425–434.

[187] Chen, C., M. Zhang, Y. Liu, and S. Ma (2018a). "Neural attentional rating regression with review-level explanations". In: *Proceedings of the 2018 World Wide Web Conference. WWW '18.* Lyon, France. 1583–1592.

[188] Li, C., C. Quan, L. Peng, Y. Qi, Y. Deng, and L. Wu (2019). "A capsule network for recommendation and explaining what you like and dislike". In: *Proceedings of the 42nd International ACM SIGIR Conference on Research and Development in Information Retrieval, SIGIR 2019,* Paris, France, July 21–25, 2019. 275–284.

[189] He, R. and J. McAuley (2016a). "VBPR: Visual Bayesian personalized ranking from implicit feedback". In: *Proceedings of the Thirtieth AAAI Conference on Artificial Intelligence. AAAI'16.* Phoenix, AZ: AAAI Press. 144–150.

[190] Lei, C., D. Liu, W. Li, Z. Zha, and H. Li (2016). "Comparative deep learning of hybrid representations for image recommendations". In: *2016 IEEE Conference on Computer Vision and Pattern Recognition, CVPR 2016,* Las Vegas, NV, USA. 2545–2553.

[191] Wei, Y., X. Wang, L. Nie, X. He, R. Hong, and T.-S. Chua (2019). "MMGCN: Multi-modal graph convolution network for personalized recommendation of micro-video". In: *Proceedings of the 27th ACM International Conference on Multimedia. MM '19.* Nice, France: ACM. 1437–1445.

[192] He, X., K. Deng, X. Wang, Y. Li, Y. Zhang, and M. Wang (2020). "LightGCN: Simplifying and powering graph convolution network for recommendation". In: *The 43rd International ACM SIGIR Conference on Research & Development in Information Retrieval. SIGIR '20.* New York, NY, USA.

[193] Wang, H., F. Zhang, J. Wang, M. Zhao, W. Li, X. Xie, and M. Guo (2018a). "RippleNet: Propagating user preferences on the knowledge graph for recommender systems". In: *Proceedings of the 27th ACM International Conference on Information and Knowledge Management*. New York, NY, USA: Association for Computing Machinery. 417−426.

[194] Wang, X., D. Wang, C. Xu, X. He, Y. Cao, and T. Chua (2019c). "Explainable reasoning over knowledge graphs for recommendation". In: *The Thirty-Third AAAI Conference on Artificial Intelligence, AAAI 2019*. 5329−5336.

[195] Wu, L., P. Sun, Y. Fu, R. Hong, X. Wang, and M. Wang (2019b). "A neural influence diffusion model for social recommendation". In: *Proceedings of the 42nd International ACM SIGIR Conference on Research and Development in Information Retrieval, SIGIR 2019*, Paris, France, July 21−25, 2019. 235−244.

[196] Fan, W., Y. Ma, Q. Li, Y. He, E. Zhao, J. Tang, and D. Yin (2019). "Graph neural networks for social recommendation". In: *The World Wide Web Conference. WWW '19*. San Francisco, CA, USA: Association for Computing Machinery. 417−426.

[197] He, X., X. Du, X. Wang, F. Tian, J. Tang, and T.-S. Chua (2018b). "Outer product-based neural collaborative filtering". In: *Proceedings of the Twenty-Seventh International Joint Conference on Artificial Intelligence, IJCAI-18*. International Joint Conferences on Artificial Intelligence Organization. 2227−2233.

[198] Xue, F., X. He, X. Wang, J. Xu, K. Liu, and R. Hong (2019). "Deep item-based collaborative filtering for top-N recommendation". *ACM Transactions on Information Systems*. 37(3).

[199] Bai, T., J.-R. Wen, J. Zhang, and W. X. Zhao (2017). "A neural collaborative filtering model with interaction-based neighborhood". In: *Proceedings of the 2017 ACM on Conference on Information and Knowledge Management. CIKM '17*. Singapore, Singapore: ACM. 1979−1982.

[200] Hsieh, C.-K., L. Yang, Y. Cui, T.-Y. Lin, S. Belongie, and D. Estrin (2017). "Collaborative metric learning". In: *Proceedings of the 26th International Conference on World Wide Web. WWW '17*. Perth, Australia. 193–201.

[201] He, R., W.-C. Kang, and J. McAuley (2017a). "Translation-based recommendation". In: *Proceedings of the Eleventh ACM Conference on Recommender Systems. RecSys '17*. Como, Italy: ACM. 161–169.

[202] Tay, Y., L. Anh Tuan, and S. C. Hui (2018a). "Latent relational metric learning via memory-based attention for collaborative ranking". In: *Proceedings of the 2018 World Wide Web Conference. WWW '18*. Lyon, France. 729–739.

[203] Cheng, H.-T., L. Koc, J. Harmsen, T. Shaked, T. Chandra, H. Aradhye, G. Anderson, G. Corrado, W. Chai, M. Ispir, R. Anil, Z. Haque, L. Hong, V. Jain, X. Liu, and H. Shah (2016). "Wide & deep learning for recommender systems". In: *Proceedings of the 1st Workshop on Deep Learning for Recommender Systems. DLRS 2016*. Boston, MA, USA: ACM. 7–10.

[204] Shan, Y., T. R. Hoens, J. Jiao, H. Wang, D. Yu, and J. Mao (2016). "Deep crossing: Web-scale modeling without manually crafted combinatorial features". In: *Proceedings of the 22nd ACM SIGKDD International Conference on Knowledge Discovery and Data Mining. KDD '16*. San Francisco, CA, USA: ACM. 255–262.

[205] Xiao, J., H. Ye, X. He, H. Zhang, F. Wu, and T.-S. Chua (2017). "Attentional factorization machines: Learning the weight of feature interactions via attention networks". In: *Proceedings of the 26th International Joint Conference on Artificial Intelligence. IJCAI'17*. Melbourne, Australia: AAAI Press. 3119–3125.

[206] Tao, Z., X. Wang, X. He, X. Huang, and T.-S. Chua (2019). "HoAFM: A High-Order Attentive Factorization Machine for ctr Prediction". *Information Processing & Management*. 57(6): 102076.

[207] Pasricha, R. and J. McAuley (2018). "Translation-based factorization machines for sequential recommendation". In: *Proceedings of the 12th ACM Conference on Recommender Systems. RecSys '18*. Vancouver, British Columbia, Canada: Association for Computing Machinery. 63–71.

[208] Guo, H., R. Tang, Y. Ye, Z. Li, and X. He (2017). "DeepFM: A factorization-machine based neural network for CTR prediction". In: *Proceedings of the 26th International Joint Conference on Artificial Intelligence. IJCAI'17*. Melbourne, Australia: AAAI Press. 1725–1731.

[209] Hornik, K. (1991). "Approximation capabilities of multilayer feedforward networks". *Neural Networks*. 4(2): 251–257.

[210] Ba, J. L., J. R. Kiros, and G. E. Hinton (2016). "Layer normalization". *CoRR*. abs/1607.06450.

[211] Srivastava, N., G. Hinton, A. Krizhevsky, I. Sutskever, and R. Salakhutdinov (2014). "Dropout: A simple way to prevent neural networks from overfitting". *Journal of Machine Learning Research*. 15(1): 1929–1958.

[212] He, K., X. Zhang, S. Ren, and J. Sun (2016a). "Deep residual learning for image recognition". In: *2016 IEEE Conference on Computer Vision and Pattern Recognition (CVPR)*. 770–778.

[213] Li, S., J. Kawale, and Y. Fu (2015). "Deep collaborative filtering via marginalized denoising auto-encoder". In: *Proceedings of the 24th ACM International on Conference on Information and Knowledge Management. CIKM '15*. Melbourne, Australia: ACM. 811–820.

[214] Tang, J., X. Du, X. He, F. Yuan, Q. Tian, and T. Chua (2020). "Adversarial training towards robust multimedia recommender system". *IEEE Transactions on Knowledge and Data Engineering*. 32(5): 855–867.

[215] Gao, L., H. Yang, J. Wu, C. Zhou, W. Lu, and Y. Hu (2018). "Recommendation with multi-source heterogeneous information". In: *Proceedings of the Twenty-Seventh International Joint Conference on Artificial Intelligence, IJCAI-18.* International Joint Conferences on Artificial Intelligence Organization. 3378–3384.

[216] Zheng, L., C. Lu, F. Jiang, J. Zhang, and P. S. Yu (2018a). "Spectral collaborative filtering". In: *Proceedings of the 12th ACM Conference on Recommender Systems, RecSys 2018,* Vancouver, BC, Canada, October 2–7, 2018. 311–319.

[217] Berg, R. van den, T. N. Kipf, and M. Welling (2017). "Graph convolutional matrix completion". *CoRR.* abs/1706.02263.

[218] Zhang, Y., Q. Ai, X. Chen, and W. B. Croft (2017). "Joint representation learning for top-N recommendation with heterogeneous information sources". In: *Proceedings of the 2017 ACM on Conference on Information and Knowledge Management. CIKM '17.* Singapore, Singapore: ACM. 1449–1458.

[219] Kulis, B. (2013). "Metric learning: A survey". *Foundations and Trends in Machine Learning.* 5(4): 287–364.

[220] Wu, B., X. He, Z. Sun, L. Chen, and Y. Ye (2019a). "ATM: An attentive translation model for next-item recommendation". *IEEE Transactions on Industrial Informatics*: 1–1.

[221] Qiu, R., J. Li, Z. Huang, and H. Yin (2019). "Rethinking the item order in session-based recommendation with graph neural networks". In: *Proceedings of the 28th ACM International Conference on Information and Knowledge Management, CIKM 2019,* Beijing, China, November 3–7, 2019. 579–588.

[222] Wu, S., Y. Tang, Y. Zhu, L. Wang, X. Xie, and T. Tan (2019c). "Sessionbased recommendation with graph neural networks". In: *The ThirtyThird AAAI Conference on Artifificial Intelligence, AAAI 2019,* Honolulu, HI, USA, 2019. 346–353.

[223] Cheng, Z., Y. Ding, X. He, L. Zhu, X. Song, and M. S. Kankanhalli (2018). "A3NCF: An adaptive aspect attention model for rating prediction". In: *Proceedings of the Twenty-Seventh International Joint Conference on Artifificial Intelligence*. 3748–3754.

[224] Liu, F., Z. Cheng, C. Sun, Y. Wang, L. Nie, and M. S. Kankanhalli (2019b). "User diverse preference modeling by multimodal attentive metric learning". In: *Proceedings of the 27th ACM International Conference on Multimedia*. 1526–1534.

[225] Gao, C., X. He, D. Gan, X. Chen, F. Feng, Y. Li, and T.-S. Chua (2019b). "Neural multi-task recommendation from multi-behavior data". In: *Proceedings of IEEE 35th International Conference on Data Engineering (ICDE), Macao, China*. 1554–1557.

[226] Xin, X., X. He, Y. Zhang, Y. Zhang, and J. M. Jose (2019b). "Relational collaborative fifiltering: Modeling multiple item relations for recommendation". In: *Proceedings of the 42nd International ACM SIGIR Conference on Research and Development in Information Retrieval, SIGIR 2019, Paris, France, July 21–25, 2019*. 125–134.

[227] Gao, C., X. Chen, F. Feng, K. Zhao, X. He, Y. Li, and D. Jin (2019a). "Cross-domain recommendation without sharing user-relevant data". In: *The World Wide Web Conference. WWW'19*. New York, NY, USA: Association for Computing Machinery. 491–502.

[228] Pan, F., S. Li, X. Ao, P. Tang, and Q. He (2019). "Warm up cold-start advertisements: Improving CTR predictions via learning to learn ID embeddings". In: *Proceedings of the 42nd International ACM SIGIR Conference on Research and Development in Information Retrieval, SIGIR 2019, Paris, France*. 695–704.

[229] Li, L., W. Chu, J. Langford, and R. E. Schapire (2010). "A contextualbandit approach to personalized news article recommendation". In: *Proceedings of the 19th International Conference on World Wide Web. WWW '10*. Raleigh, NC, USA: Association for Computing Machinery. 661–670.

[230] Wu, Q., H. Wang, Q. Gu, and H. Wang (2016a). "Contextual bandits in a collaborative environment". In: *Proceedings of the 39th International ACM SIGIR Conference on Research and Development in Information Retrieval. SIGIR '16*. Pisa, Italy. 529–538.

[231] He, R. and J. J. McAuley (2016b). "Ups and downs: Modeling the visual evolution of fashion trends with one-class collaborative fifiltering". In: *Proceedings of the 25th International Conference on World Wide Web, WWW 2016, Montreal, Canada*. 507–517.

[232] Liang, D., L. Charlin, J. McInerney, and D. M. Blei (2016). "Modeling user exposure in recommendation". In: *Proceedings of the 25th International Conference on World Wide Web, WWW 2016*, Montreal, Canada, April 11–15, 2016. 951–961.

[233] Richardson, M., R. Agrawal, and P. M. Domingos (2003). "Trust management for the semantic web". In: *The Semantic Web - ISWC 2003, Second International Semantic Web Conference,* Sanibel Island, FL, USA. 351–368.

[234] Baltrunas, L., K. Church, A. Karatzoglou, and N. Oliver (2015). "Frappe: Understanding the usage and perception of mobile app recommendations in-the-wild". *CoRR*. abs/1505.03014. arXiv: 1505.03014.

[235] Wang, X., X. He, F. Feng, L. Nie, and T. Chua (2018c). "TEM: Treeenhanced embedding model for explainable recommendation". In: *Proceedings of the 2018 World Wide Web Conference on World Wide Web*. 1543–1552.

[236] Zhao, W. X., G. He, K. Yang, H. Dou, J. Huang, S. Ouyang, and J. Wen (2019). "KB4Rec: A data set for linking knowledge bases with recommender systems". *Data Intelligence*. 1(2): 121–136.

[237] Joachims, T., A. Swaminathan, and T. Schnabel (2017). "Unbiased learning-to-rank with biased feedback". In: *Proceedings of the Tenth ACM International Conference on Web Search and Data Mining. WSDM '17.* Cambridge, UK. 781–789.

[238] Pearl, J. (2019). "The seven tools of causal inference, with reflections on machine learning". *Communications of the ACM.* 62(3): 54–60.

[239] Lei, W., X. He, Y. Miao, Q. Wu, R. Hong, M.-Y. Kan, and T.-S. Chua (2020). "Estimation-action-reflflection: Towards deep interaction between conversational and recommender systems". In: *Proceedings of the 13th ACM International Conference on Web Search and Data Mining. WSDM '20.* New York, NY, USA: ACM.